电工电子技术实验指南

黎晓贞　龚黎华　周南润　主　编
戴伟华　汪庆年　副主编

電子工業出版社

Publishing House of Electronics Industry

北京·BEIJING

内 容 简 介

本书以培养学生掌握电工电子技术基本操作技能为目标，以浙江天煌教仪和高自教仪电工电子技术实验装置为主要实验平台，开发并更新了相应的实验项目，包括电工技术实验（1）（天煌教仪）、模拟电子技术实验、数字电子技术实验、电工技术实验（2）（高自教仪）、综合设计性实验及仿真实验。

本书可作为普通高等院校理工科非电类专业本科生及高职高专、继续教育电类专业学生的实验教材，也可供相关专业的工程技术人员参考。

图书在版编目（CIP）数据

电工电子技术实验指南/黎晓贞等主编．—北京：电子工业出版社，2018.12

ISBN 978-7-121-35510-3

Ⅰ．①电…　Ⅱ．①黎…　Ⅲ．①电工技术–实验–教学参考资料　②电子技术–实验–教学参考资料

Ⅳ．①TM-33　②TN-33

中国版本图书馆 CIP 数据核字（2018）第 252495 号

责任编辑：富　军

印　　刷：三河市华成印务有限公司

装　　订：三河市华成印务有限公司

出版发行：电子工业出版社

　　　　　北京市海淀区万寿路 173 信箱　邮编　100036

开　　本：787×1 092　1/16　印张：13.25　字数：356 千字

版　　次：2018 年 12 月第 1 版

印　　次：2018 年 12 月第 1 次印刷

印　　数：1500 册　定价：39.80 元

目　　录

第1篇 电工技术（1）（天煌教仪）

实验1 电子元器件伏安特性的测绘

1. 实验目的

（1）学会识别常用电子元器件的方法。

（2）掌握线性电阻、非线性电阻伏安特性的测绘。

（3）掌握实验台上直流电工仪表和设备的使用方法。

2. 原理说明

任何一个二端元器件的特性都可用该元器件上的端电压 U 与通过该元器件的电流 I 之间的函数关系 $I=f(U)$ 来表示，即用 I–U 平面上的一条曲线来表征。这条曲线被称为该元器件的伏安特性曲线。

（1）线性电阻的伏安特性曲线是一条通过坐标原点的直线，如图 1-1 所示中的 a。该直线的斜率只由线性电阻的阻值决定，阻值为常数，与线性电阻两端的电压 U 和通过的电流 I 无关。

（2）在工作时，白炽灯的灯丝处于高温状态。当增大电压时，因灯丝的阻值随温度的升高而增大，所以通过灯丝的电流也增大。在一般情况下，灯丝的"冷电阻"与"热电阻"的阻值可相差几倍至十几倍，伏安特性如图 1-1 所示中的 b。

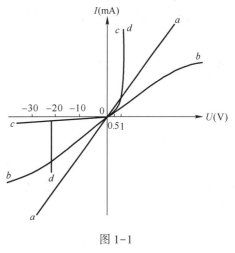

图 1-1

（3）二极管是一个非线性电阻元器件，伏安特性如图 1-1 所示中的 c。正向压降很小（一般，锗管为 $0.2\sim0.3\text{V}$，硅管为 $0.5\sim0.7\text{V}$），正向电流随正向压降的升高急剧上升；反向压降从零增加到几十伏时，反向电流增加很小，可粗略视为零。可见，二极管具有单向导电特性，当反向电压超过极限值时，可被击穿损坏。

（4）稳压二极管是一种特殊的二极管。其正向特性与普通二极管类似，反向特性较特别，如图 1-1 所示中的 d，在反向电压开始增加时，反向电流几乎为零，当反向电压增加到某一数值（被称为稳压值，有各种不同稳压值的稳压二极管）时，反向电流突然增加，之后，稳压二极管的端电压将基本维持恒定，当外加反向电压继续升高时，端电压仅有少量增加。

注意：流过二极管和稳压二极管的电流不能超过极限值，否则会被烧坏。

3. 实验设备与元器件

（1）双路可调直流稳压电源（0~30V 可调）。

（2）直流数字电压表（0~200V）。

（3）直流数字毫安表（0~2000mA）。

（4）万用表（指针式或数字式）。

（5）二极管（IN4007）。

（6）稳压二极管（2CW51）。

（7）白炽灯（12V，0.1A）。

（8）线性电阻（阻值由实验内容而定）。

4. 实验内容

（1）测绘线性电阻的伏安特性

按如图 1-2 所示接线，调节稳压电源的输出电压 U，从 0V 开始缓慢增加，一直到 10V，记下电压表和毫安表的读数 U_R、I_R，填写在表 1-1 中。

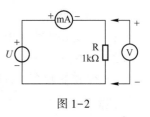

图 1-2

表 1-1

$U_R(V)$	0	2	4	6	8	10
$I_R(mA)$						

（2）测绘白炽灯的伏安特性

将如图 1-2 所示中的 R 换成 12V、0.1A 的白炽灯，重复步骤（1）。U_L 为白炽灯的端电压，将相应的数据填写在表 1-2 中。

表 1-2

$U_L(V)$	0.1	0.5	1	2	3	4	5
$I_L(mA)$							

（3）测绘二极管的伏安特性

按如图 1-3 所示接线，R 为限流电阻，在测量二极管 VD 的正向特性时，正向电流不得超过 35mA，正向电压 U_{VD+} 的取值为 0~0.75V，应多取几个测量点，将测量数据填写在表 1-3 中；在测量反向特性时，只需将如图 1-3 所示中的二极管 VD 反接，反向电压 U_{VD-} 可达-30V，将测量数据填写在表 1-4 中。

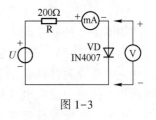

图 1-3

表 1-3　正向特性测量数据

$U_{VD+}(V)$	0.10	0.30	0.50	0.55	0.60	0.65	0.70	0.75
$I_{VD+}(mA)$								

表 1-4　反向特性测量数据

$U_{VD-}(V)$	0	-5	-10	-15	-20	-25	-30
$I_{VD-}(mA)$							

（4）测绘稳压二极管的伏安特性

① 正向特性：将如图 1-3 所示中的二极管换成稳压二极管 2CW51，重复实验内容（3）中的正向特性测量。U_{VDZ+} 为 2CW51 的正向电压，相应的测量数据填写在表 1-5 中。

表 1-5

U_{VDZ+}(V)						
I_{VDZ}(mA)						

② 反向特性：将如图 1-3 所示中的 R 换成 510Ω 的电阻，2CW51 反接，测量 2CW51 的反向特性，稳压电源的输出电压 U_o 为 0～20V，U_{VDZ-} 为 2CW51 的反向电压，将相应的测量数据填写在表 1-6 中。

表 1-6

U_o(V)						
U_{VDZ-}(V)						
I_{VDZ}(mA)						

5. 实验注意事项

（1）测量二极管的正向特性时，稳压电源的输出电压应由小至大逐渐增加，应时刻注意毫安表的读数不得超过 35mA。

（2）进行不同的实验时，应先估算电压和电流值，合理选择仪表的量程，勿使仪表超量程，仪表的极性不可接错。

6. 思考题

（1）线性电阻和非线性电阻的概念是什么？电阻与二极管的伏安特性有何区别？

（2）设某元器件伏安特性曲线的函数式为 $I=f(U)$，试问在逐点绘制曲线时，其坐标变量应如何设置？

（3）稳压二极管与普通二极管有何区别？用途如何？

（4）在图 1-3 中，设 $U=2V$，$U_{VD+}=0.7V$，则毫安表的读数为多少？

7. 实验报告

（1）根据测量数据分别在方格纸上绘制出光滑的伏安特性曲线。其中，二极管和稳压二极管的正、反向特性均要求画在同一张图上，正、反向电压可取不同的比例尺。

（2）根据测量结果，总结、归纳被测元器件的特性。

（3）在报告中要进行测量数据的处理和误差原因的分析。

实验 2　基尔霍夫定律和叠加原理的验证

1. 实验目的

（1）验证基尔霍夫定律的正确性，加深对基尔霍夫定律的理解。

（2）学会用电流插头、插座测量各支路电流。

（3）验证线性电路叠加原理的正确性，加深对线性电路的叠加性和齐次性的认识和理解。

2. 原理说明

（1）基尔霍夫定律

基尔霍夫的电流定律和电压定律是电路的基本定律。测量某电路各支路的电流和每个元器件两端的电压应能分别满足基尔霍夫电流定律（KCL）和电压定律（KVL），即对电路中的任一个节点而言，应有 $\Sigma I = 0$；对任何一个闭合回路而言，应有 $\Sigma U = 0$。

（2）叠加原理

在由多个独立源共同作用下的线性电路中，通过每一个元器件的电流或其两端的电压，都可以看成由每一个独立源单独作用时在该元器件上所产生的电流或电压的代数和。叠加原理反映了线性电路的叠加性。

线性电路的齐次性是当激励信号（某独立源）增加或减小时，电路的响应（在电路中各元器件上所产生的电流和电压值）也将相应地增加或减小。

运用上述定律时，必须注意各支路或闭合回路中电流的正方向，此方向可预先任意设定。

3. 实验设备与元器件

（1）双路可调直流稳压电源（0~30V 可调）。

（2）直流数字电压表（0~200V）。

（3）直流数字毫安表（0~2000mA）。

（4）基尔霍夫定律/叠加原理实验电路板。

4. 实验内容

基尔霍夫定律/叠加原理实验电路如图 2-1 所示。

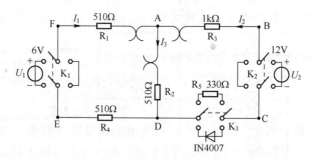

图 2-1

（1）基尔霍夫定律的验证

① 实验前，先任意设定三条支路和三个闭合回路电流的正方向。图 2-1 中，I_1、I_2、I_3 的方向已被设定；三个闭合回路电流的正方向可设为 ADEFA、BADCB 及 FBCEF。

② 分别将两路直流稳压电源接入电路，令 $U_1 = 6V$，$U_2 = 12V$。

③ 熟悉电流插头的结构，将电流插头的两端接至直流数字毫安表的"+、-"两端。

④ 将电流插头分别插入三条支路的三个电流插座中，读出电流值并将数据记录在表 2-1 中。

⑤ 用直流数字电压表分别测量两路稳压电源和电阻上的电压值，将数据记录在表 2-1 中。

表 2-1

实验内容	I_1(mA)	I_2(mA)	I_3(mA)	U_1(V)	U_2(V)	U_{FA}(V)	U_{AB}(V)	U_{AD}(V)	U_{CD}(V)	U_{DE}(V)
计算值										
测量值										
相对误差										

（2）叠加原理的验证

① 分别将两路直流稳压电源接入电路，令 $U_1 = 12V$，$U_2 = 6V$。

② 令 U_1 单独作用（将开关 K_1 投向 U_1 侧，开关 K_2 投向短路侧），用直流数字电压表和毫安表（接电流插头）测量各支路电流和各电阻两端的电压，将数据记录在表 2-2 中。

③ 令 U_2 单独作用（将开关 K_1 投向短路侧，开关 K_2 投向 U_2 侧），重复②，将数据记录在表 2-2 中。

④ 令 U_1 和 U_2 共同作用（开关 K_1 和 K_2 分别投向 U_1 侧和 U_2 侧），重复②，将数据记录在表 2-2 中。

⑤ 将 U_2 调至 12V，重复②，将数据记录在表 2-2 中。

表 2-2

实验内容	U_1 (V)	U_2 (V)	I_1 (mA)	I_2 (mA)	I_3 (mA)	U_{AB} (V)	U_{CD} (V)	U_{AD} (V)	U_{DE} (V)	U_{FA} (V)
U_1 单独作用										
U_2 单独作用										
U_1、U_2 共同作用										
$2U_2$ 单独作用										

⑥ 将 R5（330Ω）换成二极管 IN4007（将开关 K_3 投向二极管 IN4007 侧），重复①~⑤，将数据记录在表 2-3 中。

表 2-3

实验内容	U_1 (V)	U_2 (V)	I_1 (mA)	I_2 (mA)	I_3 (mA)	U_{AB} (V)	U_{CD} (V)	U_{AD} (V)	U_{DE} (V)	U_{FA} (V)
U_1 单独作用										
U_2 单独作用										
U_1、U_2 共同作用										
$2U_2$ 单独作用										

5. 实验注意事项

（1）注意如图 2-1 所示中的三个钩子形符号是串联毫安表的插座。

（2）所有需要测量的电压值均以电压表测量的读数为准。U_1、U_2 也需测量，不应取稳压电源本身的显示值。

（3）防止稳压电源的两个输出端碰线短路。

（4）用指针式电压表或毫安表测量电压或电流时，如果指针反偏，则必须调换表笔极性重新测量。此时指针应正偏，可读得电压或电流值。若用数字电压表或毫安表测量，则可直接读出电压或电流值。但应注意，所读得电压或电流值的正、负号应根据设定的电流参考方向来判断。

（5）用电流插头测量各支路电流时，或者用电压表测量电压降时，应注意仪表的极性，在正确判断所测值的+、−号后，再记录在数据表格中。

（6）在实验过程中，应注意及时更换仪表量程，以减小数据的误差。

6. 预习思考题

（1）根据如图 2−1 所示的电路参数计算待测电流 I_1、I_2、I_3 和各电阻上的电压值并记录，以便在实验测量时能正确选择毫安表和电压表的量程。

（2）在实验中，若用指针式万用表的直流毫安挡测各支路电流，则在什么情况下可能出现指针反偏？应如何处理？在记录数据时应注意什么？若用直流数字毫安表进行测量时，则会有什么样的显示？

（3）在叠加原理实验中，要令 U_1、U_2 分别单独作用，应如何操作？可否直接将不用的电源（U_1 或 U_2）短接置零？

（4）在实验电路中，若将一个电阻改为二极管，则叠加原理的叠加性和齐次性还成立吗？为什么？

7. 实验报告

（1）根据实验数据选定节点 A，验证 KCL 的正确性。

（2）根据实验数据选定实验电路中的任意一个闭合回路，验证 KVL 的正确性。

（3）重新设定支路和闭合回路的电流方向，重复（1）、（2）两项验证。

（4）根据实验数据表格进行分析、比较，归纳、总结实验结论，验证线性电路的叠加性和齐次性。

（5）各电阻所消耗的功率能否用叠加原理计算得出？试用上述实验数据进行计算并给出结论。

（6）通过叠加原理的验证及其表格中的数据，能得出什么样的结论？

（7）在报告中要进行实验数据的处理和误差原因的分析。

实验 3　戴维南定理和诺顿定理的验证

1. 实验目的

（1）验证戴维南定理和诺顿定理的正确性，加深对定理的理解。

（2）掌握测量有源二端网络等效参数的一般方法。

2. 原理说明

（1）任何一个线性含源网络，如果仅研究其中一条支路的电压和电流，则可将电路的其余部分看作一个有源二端网络或称为含源一端口网络。

戴维南定理：任何一个有源二端网络都可以用一个电动势为 E 的理想电压源和内阻串联的电源来等效代替。等效电源的电动势 E 是有源二端网络的开路电压 U_{OC}。等效电源的内阻 R_0 等于有源二端网络所有独立源均置为零（理想电压源被视为短接，理想电流源被视为开路）后所得到的无源网络的等效电阻。

诺顿定理：任何一个有源二端网络都可以用一个电流为 I_S 的理想电流源和内阻并联的电源来等效代替。等效电源的电流 I_0 是有源二端网络的短路电流 I_{SC}。等效电源内阻 R_0 的定义与戴维南定理中 R_0 的定义相同。

$U_{OC}(E)$ 和 R_0、$I_{SC}(I_S)$ 和 R_0 被称为有源二端网络的等效参数。

（2）有源二端网络等效参数的测量方法（开路电压和短路电流法）。

将有源二端网络的输出端开路，可用电压表直接测量输出端的开路电压 U_{OC}；将输出端短路，可用电流表测量短路电流 I_{SC}；等效内阻 $R_0 = \dfrac{U_{OC}}{I_{SC}}$。

如果有源二端网络的内阻很小，则当输出端短路时，易损坏内部元器件，不宜采用短路电流法。

3. 实验设备与元器件

（1）可调直流稳压电源（0~30V）。

（2）可调直流恒流源（0~500mA）。

（3）直流数字电压表（0~200V）。

（4）直流数字毫安表（0~2000mA）。

（5）可调电阻箱（0~99999.9Ω）。

（6）电位器（1kΩ/5W）。

（7）戴维南定理实验电路板。

4. 实验内容

被测有源二端网络如图 3-1（a）所示。

（1）用开路电压、短路电流法测量戴维南等效电路的 U_{OC}、R_0 和诺顿等效电路的 I_{SC}、R_0。按如图 3-1（a）所示接入稳压电源 $U_S = 12V$ 和恒流源 $I_S = 10mA$，不接入 R_L，测量 U_{OC} 和 I_{SC}，并计算出 R_0（测量 U_{OC} 时，不接入毫安表），将相应的数据记录在表 3-1 中。

表 3-1

$U_{OC}(V)$	$I_{SC}(mA)$	$R_0 = U_{OC}/I_{SC}(\Omega)$

（2）负载实验。按如图 3-1（a）所示接入 R_L，改变 R_L 的阻值，测量有源二端网络的外特性曲线，将相应的数据记录在表 3-2 中。

表 3-2

$U(V)$										
$I(mA)$										

（3）验证戴维南定理。从可调电阻箱上取得按实验内容（1）所得的等效电阻 R_0 后，与直流稳压电源（调到实验内容（1）时所测得的开路电压 U_{OC}）串联，如图 3-1（b）所示，仿照实验内容（2）测量外特性，对戴维南定理进行验证，将相应的数据记录在表 3-3 中。

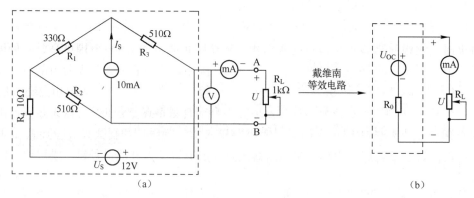

图 3-1

表 3-3

U(V)								
I(mA)								

（4）验证诺顿定理。从可调电阻箱上取得按实验内容（1）所得的等效电阻 R_0 后，与直流恒流源（调到实验内容（1）时所测得的短路电流 I_{SC}）并联，如图 3-2 所示，仿照实验内容（2）测量外特性，对诺顿定理进行验证。

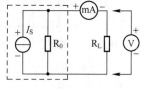

图 3-2

5. 实验注意事项

（1）测量时，应注意直流恒流源量程的更换。

（2）改接线路时，要关掉电源。

6. 预习思考题

（1）在测量戴维南或诺顿等效电路的参数时做短路实验，测量 I_{SC} 的条件是什么？在实验中可否直接做负载短路实验？请在实验前对图 3-1（a）预先进行计算，以便调整实验线路，并可在测量时准确地选择仪表的量程。

（2）说明测量有源二端网络开路电压和等效内阻的几种方法，并比较其优、缺点。

7. 实验报告

（1）根据实验内容（2）、（3）、（4）分别绘出曲线，验证戴维南定理和诺顿定理的正确性，并分析产生误差的原因。

（2）在报告中要进行实验数据的处理和误差原因的分析（做出曲线后，再用相对误差或绝对误差进行分析）。

实验 4　RC 一阶电路的响应测量

1. 实验目的

（1）测定 RC 一阶电路的零输入响应、零状态响应及完全响应。

（2）学习电路时间常数的测量方法。

（3）掌握有关微分电路和积分电路的概念。

（4）进一步学会用示波器观测波形。

2. 原理说明

（1）动态网络的过渡过程是十分短暂的单次变化过程。要用普通示波器观测过渡过程和测量有关的参数，就必须使单次变化过程重复出现。为此，利用信号发生器输出的方波可模拟阶跃激励信号，即利用方波输出的上升沿作为零状态响应的正阶跃激励信号，利用方波的下降沿作为零输入响应的负阶跃激励信号。只要选择方波的重复周期远大于电路的时间常数 τ，则电路在方波序列脉冲信号的激励下，响应就与直流电接通和断开的过渡过程是基本相同的。

（2）如图 4-1（b）所示的 RC 一阶电路的零输入响应和零状态响应分别按指数规律衰减和增长，其变化的快慢决定于电路的时间常数 τ。

（3）时间常数 τ 的测量方法。

用示波器测量零输入响应的波形如图 4-1（a）所示。

根据一阶微分方程的求解得知 $u_c = U_m e^{-t/RC} = U_m e^{-t/\tau}$。当 $t = \tau$ 时，$U_C(\tau) = 0.368 U_m$，此时所对应的时间就等于 τ，也可用零状态响应波形增加到 $0.632 U_m$ 时所对应的时间测得，如图 4-1（c）所示。

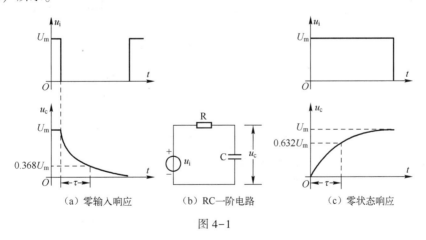

（a）零输入响应　　　　（b）RC 一阶电路　　　　（c）零状态响应

图 4-1

（4）微分电路和积分电路是典型的 RC 一阶电路，对电路元器件的参数和输入信号的周期有特定的要求。一个简单的 RC 串联电路，在方波序列脉冲的重复激励下，当满足 $\tau = RC \ll \dfrac{T}{2}$（$T$ 为方波序列脉冲的重复周期），且由 R 两端的电压作为响应输出时就是一个微分电路。电路的输出信号电压与输入信号电压的微分成正比，如图 4-2（a）所示。利用微分电路可以将方波转变为尖脉冲。

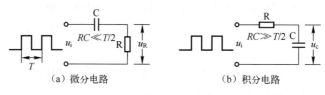

（a）微分电路　　　　　　　（b）积分电路

图 4-2

若将如图 4-2（a）所示中 R 与 C 的位置调换一下，如图 4-2（b）所示，用 C 两端的电压作为响应输出，当电路参数满足 $\tau = RC \gg \dfrac{T}{2}$ 时，则该 RC 电路就为积分电路。电路的输出信号电压与输入信号电压的积分成正比。利用积分电路可以将方波转变为三角波。

从输入、输出波形来看，图 4-2 中的两个电路均起波形变换的作用，请在实验过程中仔细观测和记录。

3. 实验设备与元器件

（1）函数信号发生器。

（2）双踪示波器。

（3）动态电路实验板。

4. 实验内容

电路实验板上的元器件组件如图 4-3 所示。请认清 R、C 的布局及其标称值、各开关的通/断位置等。

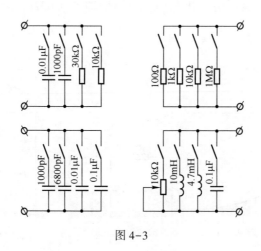

图 4-3

在电路实验板上选取 $R = 10\text{k}\Omega$、$C = 6800\text{pF}$ 组成如图 4-1（b）所示的 RC 一阶电路。u_i 为函数信号发生器输出的 $U_m = 3\text{V}$、$f = 1\text{kHz}$ 的方波激励信号，通过两根同轴电缆将激励信号 u_i 和响应 u_c 的信号分别连至示波器的两个输入接口 CH_1 和 CH_2。这时可在示波器的屏幕上观测到激励信号和响应的变化规律，测算出时间常数 τ，并用方格纸按 1:1 的比例描绘波形。逐渐改变电容值或电阻值，定性地观测对响应的影响，记录观测到的现象。

（1）微分电路：令 $C=0.01\mu F$，$R_1=1k\Omega$，$R_2=10k\Omega$，$R_3=1M\Omega$，组成如图 4-2（a）所示的微分电路，在方波激励信号（$U_m=3V$，$f=1kHz$）的作用下，逐渐增大电阻值，定性地观测并描绘响应的波形及对输出波形的影响。

（2）积分电路：令 $R=10k\Omega$，$C_1=6800pF$，$C_2=0.01\mu F$，$C_3=0.1\mu F$，组成如图 4-2（b）所示的积分电路，在同样的方波激励信号（$U_m=3V$，$f=1kHz$）作用下，逐渐增大电容值，定性地观测并描绘响应的波形及对输出波形的影响。

在增/减 R 和 C 的实验过程中，定性地观测输入、输出波形有何本质上的区别。

5. 实验注意事项

（1）在调节电子仪器的各旋钮时，动作不要过快、过猛。在实验前，需熟读双踪示波器的使用说明书。观测双踪示波器时，要特别注意相应开关、旋钮的操作与调节。

（2）函数信号发生器的接地端与双踪示波器的接地端要连在一起（共地），以防外界干扰而影响测量的准确性。

（3）双踪示波器的辉度不应过亮，尤其是光点长期停留在荧光屏上不动时，应将辉度调暗，以延长示波管的使用寿命。

6. 预习思考题

（1）什么样的电信号可作为 RC 一阶电路零输入响应、零状态响应及完全响应的激励源？

（2）已知 RC 一阶电路的 $R=10k\Omega$、$C=0.1\mu F$，试计算时间常数 τ，并根据 τ 的物理意义拟定测量 τ 的方案。

（3）何谓积分电路和微分电路？它们必须具备什么条件？它们在方波序列脉冲的激励下，输出信号波形的变化规律如何？这两种电路有何功用？

（4）预习要求：熟读仪器的使用说明，回答上述问题，准备方格纸。

7. 实验报告

（1）根据实验观测结果，在方格纸上绘出 RC 一阶电路在充、放电时的 u_C 变化曲线，由曲线测得 τ，并与参数值的计算结果进行比较，分析误差原因。

（2）根据实验观测结果，归纳、总结积分电路和微分电路的形成条件，阐明波形变换的特征。

（3）在报告中要进行实验数据的处理和误差原因的分析。

实验5　二阶动态电路响应的测量

1. 实验目的

（1）测量二阶动态电路的零状态响应和零输入响应，了解元器件参数对响应的影响。

（2）观测、分析二阶动态电路响应的三种状态轨迹及其特点，加深对二阶动态电路响应的认识与理解。

2. 原理说明

二阶动态电路在方波正、负阶跃信号的激励下，可获得零状态响应和零输入响应。其响应的变化轨迹决定于电路中的固有频率。当调节电路中的元器件参数值使电路的固有频率分别为负实数、共轭复数及虚数时，可获得单调衰减、衰减振荡及等幅振荡的响应。实验可获得过阻尼、欠阻尼及临界阻尼三种响应图形。

简单而典型的二阶动态电路是一个 RLC 串联电路和 GCL 并联电路。二者之间存在对偶关系。本实验仅对 GCL 并联电路进行研究。

3. 实验设备与元器件

（1）函数信号发生器。

（2）双踪示波器。

（3）动态实验电路板。

4. 实验内容

动态实验电路板上的元器件组件与实验 4 相同，见图 4-3。利用动态实验电路板中的元器件与开关配合作用，可组成如图 5-1 所示的 GCL 并联电路。

令 $R_1 = 10\text{k}\Omega$，$L = 4.7\text{mH}$，$C = 1000\text{pF}$，R_2 为 $10\text{k}\Omega$ 可调电阻器，函数信号发生器输出 $U_m = 1.5\text{V}$、$f = 1\text{kHz}$ 的方波脉冲，通过同轴电缆接至图中的激励端，同时用同轴电缆将激励端和响应输出接至双踪示波器的 Y_A 和 Y_B 两个输入口。

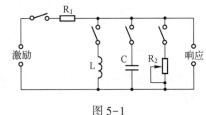

图 5-1

（1）调节可调电阻器 R_2，观测二阶动态电路的零输入响应和零状态响应由过阻尼过渡到临界阻尼，最后过渡到欠阻尼的变化过程，分别描绘响应的典型变化波形。

（2）调节 R_2 使双踪示波器的荧光屏呈现稳定的欠阻尼响应波形，测量此时电路的衰减常数 α 和振荡频率 ω_d。

（3）改变一组电路参数，如增/减 L 或 C，重复（2）的测量，将数据记录在表 5-1 中。随后仔细观测，在改变电路参数时，ω_d 和 α 的变化趋势，记录在表 5-1 中。

表 5-1

实验次数	元器件参数				测量值	
	R_1	R_2	L	C	α	ω_d（Hz）
1	10kΩ	调至某一次欠阻尼状态	4.7mH	1000pF		
2	10kΩ		4.7mH	0.01μF		
3	30kΩ		4.7mH	0.01μF		
4	10kΩ		10mH	0.01μF		

5. 实验注意事项

（1）调节 R_2 时要细心、缓慢，要找准临界阻尼。

（2）观测双踪示波器时，显示要稳定，如不同步，则可采用外同步法触发（看双踪示波器说明书）。

6. 预习思考题

（1）根据二阶动态电路元器件的参数，计算处于临界阻尼状态的 R_2。

（2）在双踪示波器的荧光屏上，如何测得二阶动态电路零输入响应欠阻尼状态的衰减常数 α 和振荡频率 ω_d？

7. 实验报告

（1）根据观测结果，在方格纸上描绘二阶动态电路过阻尼、临界阻尼及欠阻尼的响应波形。

（2）测算欠阻尼振荡曲线上的 α 和 ω_d。

（3）归纳、总结电路中元器件参数的改变对响应变化趋势的影响。

（4）在报告中要进行实验数据的处理和误差原因的分析。

实验6 R、L、C 元器件阻抗特性的测量

1. 实验目的

（1）验证电阻、感抗、容抗与频率的关系，测量 $R \sim f$、$X_L \sim f$ 及 $X_C \sim f$ 的特性曲线。

（2）加深理解 R、L、C 的端电压与电流之间的相位关系。

2. 原理说明

（1）在正弦交变信号作用下，R、L、C 在电路中的抗流作用与信号的频率有关，与信号频率的关系如图 6-1 所示。

（2）元器件阻抗频率特性的测量电路如图 6-2 所示。

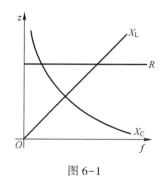

图 6-1

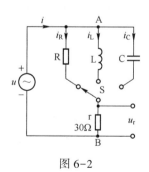

图 6-2

图中，r 是提供测量回路电流的标准小电阻。由于 r 的阻值远小于被测元器件的阻抗，因此可以认为 AB 之间的电压就是被测元器件 R、L 或 C 两端的电压，流过被测元器件的电流可由 r 两端的电压除以 r 得到。

若用双踪示波器同时观测 r 的阻值与被测元器件两端的电压，则可展现出被测元器件两端的电压和流过该元器件电流的波形，从而可在双踪示波器的荧光屏上测量电压和电流的幅值及它们之间的相位差。

① 将 R、L、C 串联或并联，可用同样的方法测得 $Z_{串}$ 和 $Z_{并}$ 的阻抗频率特性 $z \sim f$，根据电压、电流的相位差可判断 $Z_{串}$ 或 $Z_{并}$ 是感性还是容性负载。

② 元器件的阻抗角（相位差 ϕ）随输入信号频率的变化而改变，将各个不同频率下的相位差画在以频率 f 为横坐标、阻抗角 ϕ 为纵坐标的坐标纸上，用光滑的曲线连接这些点，即可得到阻抗角的频率特性曲线。

用双踪示波器测量阻抗角的方法如图 6-3 所示。从双踪示波器的荧光屏上可得一个周期占 n 格，相位差占 m 格，则实际的相位差 ϕ（阻抗角）为

$$\phi = m \times \frac{360°}{n}$$

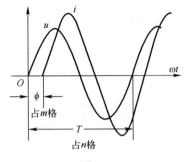

图 6-3

3. 实验设备与元器件

（1）低频信号发生器。

（2）交流毫伏表（0~600V）。

（3）双踪示波器。

（4）频率计。

（5）实验电路元器件（$R = 1\text{k}\Omega$，$C = 1\mu\text{F}$，L 约为 1H）。

4. 实验内容

（1）测量 R、L、C 的阻抗频率特性。

通过电缆将低频信号发生器输出的正弦信号接至如图 6-2 所示的电路中作为激励源 u，并用交流毫伏表进行测量，使激励电压的有效值 $u = 3\text{V}$，并保持不变。

低频信号发生器的输出频率从 200Hz 逐渐增至 5kHz（用频率计测量），开关 S 分别接通 R、L、C，用交流毫伏表测量 u_r，计算各频率点的 i_R、i_L 和 i_C（u_r/r）及 $R = u/i_R$、$X_L = u/i_L$ 及 $X_C = u/i_C$。

注意：在接通 C 时，低频信号发生器的频率应控制为 200~2500Hz。

（2）用双踪示波器观测在不同频率下各元器件阻抗角的变化情况，按如图 6-3 所示记录 n 和 m，计算 ϕ。

（3）测量 R、L、C 串联时的阻抗角频率特性。

5. 实验注意事项

（1）交流毫伏表属于高阻抗电压表，在测量前必须先调零。

（2）测量 ϕ 时，双踪示波器的 V/div 和 t/div 微调旋钮应旋置在"校准位置"。

6. 预习思考题

测量 R、L、C 的阻抗角时，为什么要串联一个小电阻？可否用一个小电感或大电容代替？为什么？

7. 实验报告

（1）根据实验数据，在方格纸上绘制 R、L、C 的阻抗频率特性曲线，从中可得出什么结论？

（2）根据实验数据，在方格纸上绘制 R、L、C 串联时的阻抗角频率特性曲线，并总结归纳出结论。

（3）在报告中要进行实验数据的处理和误差原因的分析。

14

实验7　正弦稳态交流电路相量的研究

1. 实验目的

（1）研究正弦稳态交流电路中电压、电流相量之间的关系。

（2）掌握日光灯线路的接线。

（3）理解改善电路功率因数的意义并掌握改善方法。

2. 原理说明

（1）在单相正弦交流电路中，用交流电流表测量各支路的电流值，用交流电压表测量回路各元器件两端的电压值，它们之间的关系满足相量形式的基尔霍夫定律，即 $\Sigma \dot{I} = 0$ 和 $\Sigma \dot{U} = 0$。

（2）图7-1为RC串联电路。在正弦稳态信号 $\dot{U}$ 的激励下，$\dot{U}_R$ 与 $\dot{U}_C$ 保持90°的相位差，即当R的阻值改变时，$\dot{U}_R$ 的相量轨迹是一个半圆。$\dot{U}$、$\dot{U}_C$、$\dot{U}_R$ 形成一个直角的电压三角形，如图7-2所示。R改变时，可改变 ϕ 的大小，从而达到移相的目的。

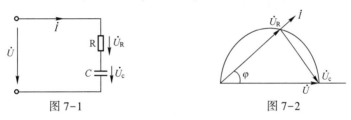

图7-1　　　　　　　　　　　图7-2

（3）日光灯线路如图7-3所示。图中，A是日光灯管；L是镇流器；S是启辉器；C是补偿电容器，用来改善电路的功率因数（$\cos\varphi$）。有关日光灯的工作原理请自行翻阅有关资料。

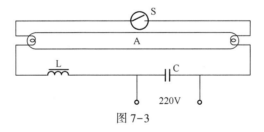

220V

图7-3

3. 实验设备与元器件

（1）自耦调压器。

（2）交流电压表（0~450V）。

（3）交流电流表（0~5A）。

（4）功率表。

（5）镇流器、启辉器（与40W日光灯管配用）。

（6）日光灯管（40W）。

（7）电容器（1μF/500V，2.2μF/500V，4.7μF/500V）。

（8）白炽灯（220V，15W）及灯座。

4. 实验内容

（1）按如图 7-1 所示接线。R 为 220V、15W 的白炽灯，电容器为 4.7μF/450V。经指导教师检查后，接通实验台电源，将自耦调压器的输出（U）调至 220V，将 U、U_R、U_C 的数据记录在表 7-1 中，验证电压三角形关系。

表 7-1

测 量 值			计 算 值		
$U(V)$	$U_R(V)$	$U_C(V)$	U'（与 U_R，U_C 组成 Rt△） （$U' = \sqrt{U_R^2 + U_C^2}$）	$\Delta U = U' - U(V)$	$\Delta U/U(\%)$

注：Rt△表示直角三角形。

（2）日光灯线路的接线与测量。

按如图 7-4 所示接线。经指导教师检查后，接通实验台电源，调节自耦调压器的输出，使输出电压缓慢增大，直到日光灯刚启辉点亮为止，记录三表的指示值并填写在表 7-2 中。调节自耦调压器的输出电压至 220V，测量功率 P、电流 I 及电压 U、U_L、U_A，验证电压、电流的相量关系，将测量数据记录在表 7-2 中。

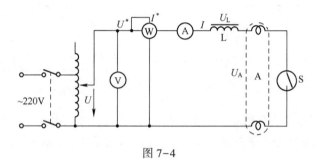

图 7-4

表 7-2

实验内容	测 量 值						计 算 值	
	$P(W)$	$\cos\varphi$	$I(A)$	$U(V)$	$U_L(V)$	$U_A(V)$	$r(\Omega)$	$\cos\varphi$
启辉值								
正常工作值								

（3）并联电路，改善电路的功率因数，按如图 7-5 所示组成实验线路。

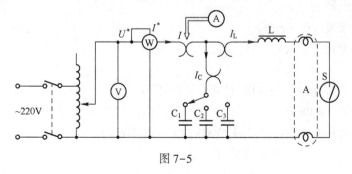

图 7-5

经指导老师检查后，接通实验台电源，将自耦调压器的输出电压调至 220V，记录功率表、电压表的读数。通过一块电流表和三个电流插座分别测量三条支路的电流，改变电容量，重复测量三次，将测量数据记录在表 7-3 中。

表 7-3

电容量（μF）	测 量 值						计 算 值	
	$P(W)$	$\cos\varphi$	$U(V)$	$I(A)$	$I_L(A)$	$I_C(A)$	$I'(A)$	$\cos\varphi$
0								
1								
2.2								
4.7								

5. 实验注意事项

（1）本实验采用交流市电 220V，务必注意人身安全。

（2）功率表要正确接入线路中。

（3）线路要接线正确，日光灯不能启辉时，应检查启辉器及其接触是否良好。

6. 预习思考题

（1）在日常生活中，当缺少启辉器时，常用一根导线将启辉器的两端短接一下，然后迅速断开，使日光灯点亮（DG09 实验挂箱上有短接按钮，可代替启辉器进行实验）或用一个启辉器去点亮多根同类型的日光灯，这是为什么？

（2）为了改善电路的功率因数，常在感性负载上并联电容器，此时增加了一条电流支路，试问电路的总电流是增大还是减小？此时感性负载上的电流和功率是否改变？

（3）提高电路功率因数为什么只采用并联电容器法而不采用串联电容器法？所并联的电容器是否越大越好？

7. 实验报告

（1）完成数据表格中的计算，并进行必要的误差分析。

（2）根据实验数据分别绘出电压、电流的相量图，验证相量形式的基尔霍夫定律。

（3）讨论改善电路功率因数的意义和方法。

（4）在报告中要进行实验数据的处理和误差原因的分析。

实验 8　R、L、C 串联谐振电路的测量

1. 实验目的

（1）学习用实验方法绘制 R、L、C 串联电路的幅频特性曲线。

（2）加深理解电路发生谐振的条件、特点，掌握电路品质因数（Q 值）的物理意义及测定方法。

2. 原理说明

（1）在如图 8-1 所示的 R、L、C 串联电路中，当正弦交流信号源的频率 f 改变时，电路中的感抗、容抗将随之改变，电路中的电流也随 f 而改变。取电阻 R 上的电压 u_o 作为响应，当输入电压 u_i 的幅值维持不变时，在不同频率信号的激励下测量 u_o 后，以 f 为横坐标，以 u_o/u_i 为纵坐标（因 u_i 不变，故也可直接以 u_o 为纵坐标）绘出光滑的曲线。此曲线即为幅频特性曲线，也称谐振曲线，如图 8-2 所示。

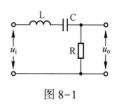

图 8-1

（2）在 $f=f_0=\dfrac{1}{2\pi\sqrt{LC}}$ 处，即幅频特性曲线尖峰所在的频率点被称为谐振频率。此时，$X_L=X_C$，电路呈纯阻性，电路阻抗的模最小。在输入电压 u_i 为定值时，电路中的电流达到最大值，且与输入电压 u_i 同相位。从理论上讲，此时 $u_i=u_R=u_o$，$u_L=u_C=Qu_i$，式中，Q 被称为电路品质因数。

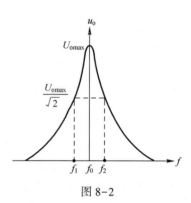

图 8-2

（3）电路品质因数 Q 值的两种测量方法如下。

① 根据公式 $Q=\dfrac{u_L}{u_o}=\dfrac{u_C}{u_o}$ 测量 u_C 与 u_L 分别为谐振时，在电容器 C 和电感线圈 L 上的电压。

② 通过测量谐振曲线的通频带宽度 $\Delta f=f_2-f_1$，再根据 $Q=\dfrac{f_0}{f_2-f_1}$ 求出 Q 值。式中，f_0 为谐振频率；f_2 和 f_1 是失谐时，即输出电压幅度下降到最大值 $1/\sqrt{2}$（$=0.707$）时的频率点。Q 值越大，曲线越尖锐，通频带越窄，电路的选择性越好。在采用恒压源供电时，电路品质因数、选择性及通频带只决定于电路本身的参数，与信号源无关。

3. 实验设备元器件

（1）低频函数信号发生器。

（2）交流毫伏表（0~600V）。

（3）双踪示波器。

（4）频率计。

（5）谐振电路实验电路板（$R=200\Omega$ 或 $1k\Omega$，$C=0.01\mu F$ 或 $0.1\mu F$，L 约为 30mH）。

4. 实验内容

（1）按如图 8-3 所示组成监视、测量电路，用交流毫伏表测量电压，用双踪示波器监视信号源输出，令信号源输出电压的峰-峰值 $u_i=4V$，并保持不变。

（2）找出电路的谐振频率 f_0。其方法是，将交流毫伏表接在 R（200Ω）的两端，令信号源的频率由小逐渐变大（注意，要维持信号源的输出幅度不变），当 u_o 的读数为最大时，频率计上的频率值即为电路的谐振频率 f_0，同时测量 u_C 和 u_L（注意，应及时更换交流毫伏表的量程）。

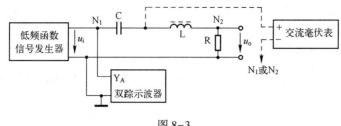

图 8-3

（3）在谐振点两侧，按频率递增或递减 500Hz 或 1kHz，依次各取 8 个测量点，逐点测量 u_o、u_L、u_C，将相应的数据记录在表 8-1 中。

表 8-1

$f(\text{kHz})$													
$u_o(\text{V})$													
$u_L(\text{V})$													
$u_C(\text{V})$													

（4）将电阻改为 $R=1\text{k}\Omega$，重复实验内容（2）、（3）的测量过程，将相应的数据记录在表 8-1 中。

5. 实验注意事项

（1）测量频率点时应在靠近谐振频率的附近多取几点。在变换频率测量前，应调整信号的输出幅度（用双踪示波器监视输出幅度），使其维持在 3V。

（2）在测量 u_C 和 u_L 前，应将交流毫伏表的量程调大，在测量 u_L 和 u_C 时，交流毫伏表的+端应接在 C 和 L 的公共点上，接地端应分别触及 L 和 C 的近地端 N_2 和 N_1。

（3）在实验中，信号源的外壳应与交流毫伏表的外壳绝缘（不共地）。如能用浮地式交流毫伏表测量，则效果更佳。

6. 预习思考题

（1）根据实验电路板给出的元器件参数值，估算电路的谐振频率。

（2）改变电路的哪些参数可以使电路发生谐振？电路中 R 的数值是否影响谐振频率？

（3）如何判别电路是否发生谐振？测量谐振点的方案有哪些？

（4）电路发生串联谐振时，为什么输入电压不能太大？如果信号源给出 3V 的电压，则电路谐振时，用交流毫伏表测 u_L 和 u_C 应该选择多大的量程？

（5）要提高 R、L、C 串联电路的品质因数，电路参数应如何改变？

（6）本实验在谐振时，对应的 u_L 与 u_C 是否相等？如有差异，原因何在？

7. 实验报告

（1）根据测量数据，绘出不同 Q 值时的三条幅频特性曲线，即
$$u_o=f(f) , u_L=f(f) , u_C=f(f)$$

（2）计算通频带和 Q 值，说明不同 R 对电路通频带和品质因数的影响。

（3）对两种不同测 Q 值的方法进行比较，分析误差原因。

（4）谐振时，比较输出电压 u_o 与输入电压 u_i 是否相等？试分析原因。

（5）通过本次实验，总结、归纳串联谐振电路的特性。

实验9 单相铁芯变压器特性的测量

1. 实验目的

（1）通过测量，计算变压器的各项参数。

（2）学会测绘变压器的空载特性与外特性。

2. 原理说明

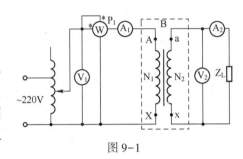

图 9-1

（1）图 9-1 为测量变压器参数的电路。由各仪表可读出变压器一次侧（AX，低压侧）的 U_1、I_1、P_1 和二次侧（ax，高压侧）的 U_2、I_2，并用万用表的 $R×1$ 挡测量一次侧、二次侧绕组的电阻 R_1 和 R_2，即可计算变压器的各项参数。

电压比：$K_u = \dfrac{U_1}{U_2}$ 　　　　　电流比：$K_I = \dfrac{I_2}{I_1}$

一次侧阻抗：$Z_1 = \dfrac{U_1}{I_1}$ 　　　　二次侧阻抗：$Z_2 = \dfrac{U_2}{I_2}$

阻抗比 $= \dfrac{Z_1}{Z_2}$ 　　　　　　　功率因数 $= \dfrac{P_1}{U_1 I_1}$

损耗功率：$P_o = P_1 - P_2$ 　　负载功率：$P_2 = U_2 I_2 \cos\phi_2$ 　　铁耗：$P_{Fe} = P_o - (P_{Cu1} + P_{Cu2})$

一次侧线圈铜耗：$P_{Cu1} = I_1^2 R_1$ 　　二次侧线圈铜耗：$P_{Cu2} = I_2^2 R_2$

（2）铁芯变压器是一个非线性元器件。铁芯中的磁感应强度 B 决定于外加电压的有效值 U。当二次侧开路（空载）时，一次侧的励磁电流 I_{10} 与磁场强度 H 成正比，一次侧电压与电流的关系被称为变压器的空载特性。这与铁芯的磁化曲线（B-H 曲线）是一致的。

空载实验通常是将二次侧开路、一次侧通电进行测量，因空载时的功率因数很低，故测量功率时应采用低功率因数瓦特表。此外，因变压器空载时的阻抗很大，故电压表应接在电流表的外侧。

（3）变压器外特性的测量。

为了满足三组白炽灯额定电压为 220V 的要求，以变压器的低压（36V）绕组作为一次侧，以 220V 的高压绕组作为二次侧，即当作一台升压变压器使用。

在保持一次侧电压 U_1（= 36V）不变时，逐次增加白炽灯（每个白炽灯为 15W），测量 U_1、U_2 和 I_1、I_2，可绘出变压器的外特性，即负载特性曲线 $U_2 = f(I_2)$。

3. 实验设备与元器件

（1）交流电压表（0~450V）。

（2）交流电流表（0~5A）。

（3）单相功率表。

（4）试验变压器（220V/36V，50VA）。

（5）自耦调压器。

（6）白炽灯（220V，15W）。

4. 实验内容

（1）判别变压器线圈同名端的方法。

① 直流法。如图 9-2 所示，在开关 S 闭合瞬间，若毫安表的指针正偏，则可断定 1、3 为同名端；若指针反偏，则 1、4 为同名端。

② 交流法。如图 9-3 所示，将两个绕组 N_1 和 N_2 的任意两端（如 2、4 端）连在一起，在其中一个绕组（如 N_1）的两端加一个低电压，另一个绕组（如 N_2）开路，用交流电压表分别测量端电压 u_{13}、u_{12} 和 u_{34}。若 u_{13} 是两绕组的端电压之差，则 1、3 是同名端；若 u_{13} 是两绕组的端电压之和，则 1、4 是同名端。

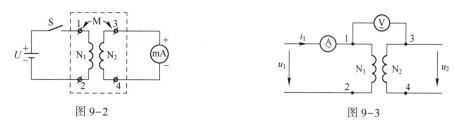

图 9-2   图 9-3

（2）按如图 9-1 所示线路接线。其中，AX 为变压器的低压绕组，ax 为变压器的高压绕组，即电源经调压器接至低压绕组，高压绕组 220V 接 Z_L，即 15W 的白炽灯（3 个白炽灯并联），经指导教师检查后，方可进行实验。

（3）将调压器手柄置于输出电压为零的位置（逆时针旋到底），合上电源开关，调节调压器，使其输出电压为 36V。令负载开路并逐次增加白炽灯（最多亮 5 个白炽灯），分别记录 5 个仪表的读数，记录在自拟的数据表格中，绘制变压器的外特性曲线。实验完毕后，将调压器调回零位，断开电源。

当负载为 4 个或 5 个白炽灯时，变压器已处于超载运行状态，很容易被烧坏。因此，测量和记录应尽量快，总共不应超过 3 分钟。在实验时，可先将 5 个白炽灯并联安装好，断开控制每个白炽灯的相应开关，通电，将电压调至规定值后，再逐一打开各个白炽灯的开关，记录仪表的读数。待打开 5 个白炽灯的开关，记录数据完毕后，应立即断开相应开关。

（4）将高压侧开路，确认调压器处在零位后，合上电源，调节调压器的输出电压，使 U_1 从零逐渐上升到 1.2 倍的额定电压（36V×1.2），分别记录各次测量的 U_1、U_{20} 和 I_{10}，填写在自拟的数据表格中，用 U_1 和 I_{10} 绘制变压器的空载特性曲线。

5. 实验注意事项

（1）本实验是将变压器作为升压变压器使用的，用调压器提供一次侧的电压 U_1，因此使用调压器时，首先应调至零位，然后才可合上开关。此外，必须用电压表监视调压器的输出电压，防止被测变压器输出过高的电压而损坏实验设备，要注意安全，以防高压触电。

（2）由负载实验转到空载实验时，要注意及时变更仪表的量程。

（3）遇异常情况时，应立即断开电源，待处理好故障后，再继续实验。

6. 预习思考题

（1）为什么本实验将低压绕组作为一次侧进行通电实验？此时，在实验过程中应注意什么问题？

（2）为什么变压器的励磁参数一定在空载加额定电压的情况下求出？

7. 实验报告

（1）根据实验内容，自拟数据表格，绘出变压器的外特性和空载特性曲线。

（2）根据额定负载时测量的数据，计算变压器的各项参数。

（3）计算变压器的电压调整率 $\Delta U\% = \dfrac{U_{20}-U_{2N}}{U_{20}} \times 100\%$。

实验 10　三相交流电路电压、电流的测量

1. 实验目的

（1）掌握三相负载进行星形连接、三角形连接的方法，验证两种连接方法的线电压、相电压和线电流、相电流之间的关系。

（2）充分理解三相四线供电系统中的中线作用。

2. 原理说明

（1）三相负载可连接成星形（又称 Y 连接）或三角形（又称△连接）。当三相对称负载进行 Y 连接时，线电压 U_L 是相电压 U_P 的 $\sqrt{3}$ 倍，线电流 I_L 等于相电流 I_P，即 $U_L = \sqrt{3}\,U_P$，$I_L = I_P$。

在这种情况下，流过中线的电流 $I_{N'N} = 0$，可以省去中线。当三相对称负载进行△连接时，有 $I_L = \sqrt{3}\,I_P$，$U_L = U_P$。

（2）三相不对称负载进行 Y 连接时，必须采用三相四线制接法，即 Y_0 接法，中线必须牢固连接，以保证三相不对称负载的每相电压维持对称不变。

倘若中线断开，则会导致三相负载电压不对称，使负载轻的那一相的相电压过高，负载遭受损坏；负载重的那一相的相电压又过低，负载不能正常工作。尤其是对于三相照明负载，均应该无条件地采用 Y_0 接法。

（3）当三相不对称负载进行△连接时，$I_L \neq \sqrt{3}\,I_P$，只要电源的线电压 U_L 对称，则加在不对称三相负载上的电压仍是对称的，对各相负载的工作没有影响。

3. 实验设备与元器件

（1）交流电压表（0～500V）。

（2）交流电流表（0～5A）。

（3）三相自耦调压器。

（4）三相灯组负载（220V，15W）。

（5）电流插座。

4. 实验内容

（1）三相负载星形连接（三相四线制供电）

按如图 10-1 所示线路连接实验电路，即三相灯组负载经三相自耦调压器接通三相对称电源，将三相自耦调压器的旋柄置于输出为 0V 的位置（逆时针旋到底）。经指导教师检查合格后，方可开启实验台电源。调节调压器的输出，使输出的三相相电压为 220V，并按表 10-1 中的内容完成各项实验，分别测量三相负载的线电压、相电压、线电流、中线电流及电源与负载之间的中点电压，将所测量的数据记录在表 10-1 中，观测各相灯组亮、暗的变化程度，特别要注意观测中线的作用。

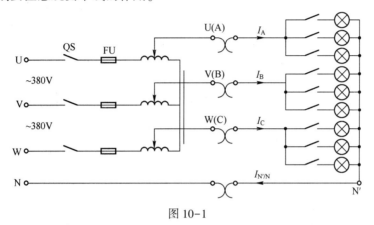

图 10-1

表 10-1

实 验 内 容	开灯盏数（个）			线电流（A）			线电压（V）			相电压（V）			中线电流（A）	中点电压（V）
	A 相	B 相	C 相	I_A	I_B	I_C	U_{AB}	U_{BC}	U_{CA}	$U_{AN'}$	$U_{BN'}$	$U_{CN'}$	$I_{N'N}$	$U_{N'N}$
Y_0 连接对称负载	3	3	3											
Y 连接对称负载	3	3	3											
Y_0 连接不对称负载	1	2	3											
Y 连接不对称负载	1	2	3											
Y_0 连接 B 相断开	1		3											
Y 连接 B 相断开	1		3											
Y 连接 B 相短路	1		3											

（2）三相负载三角形连接（三相三线制供电）

按如图 10-2 所示连接线路，经指导教师检查合格后，接通三相电源，调节调压器，使输出线电压为 220V，并按表 10-2 中的内容进行测量。

表 10-2

实 验 内 容	开灯盏数（个）			线电压=相电压（V）			线电流（A）			相电流（A）		
	A-B 相	B-C 相	C-A 相	U_{AB}	U_{BC}	U_{CA}	I_A	I_B	I_C	I_{AB}	I_{BC}	I_{CA}
三相平衡	3	3	3									
三相不平衡	1	2	3									

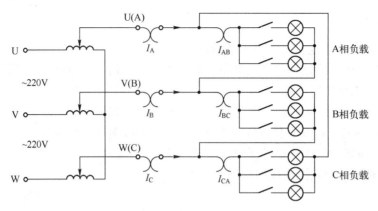

图 10-2

5. 实验注意事项

（1）本实验采用三相交流市电，线电压为 380V，应穿绝缘鞋进入实验室。实验时，要注意人身安全，不可触及导电部件，防止意外事故的发生。

（2）每次接线完毕后，同组同学应自查一遍，然后由指导教师检查后，方可接通电源，必须严格遵守先断电、再接线、后通电，先断电、后拆线的实验操作原则。

（3）进行星形负载短路实验时，必须首先断开中线，以免发生短路事故。

（4）为避免烧坏灯组负载，在 DGJ-04 实验挂箱内设有过压保护装置，当任一相电压>245~250V 时，可声光报警并跳闸。因此，在三相不对称负载进行 Y 连接或缺相实验时，所加线电压应以最高相电压<240V 为宜。

6. 预习思考题

（1）三相负载根据什么条件进行星形或三角形连接？

（2）复习三相交流电路的有关内容，分析三相星形连接不对称负载在无中线情况下，当某相负载开路或短路时会出现什么情况？如果接上中线，则情况又如何？

（3）在本次实验中，为什么要通过三相调压器将 380V 的市电线电压降为 220V 的线电压使用？

7. 实验报告

（1）用实验测量的数据验证对称三相电路中的 $\sqrt{3}$ 关系。

（2）根据实验数据和观测到的现象，总结三相四线供电系统中的中线作用。

（3）不对称三角形连接的负载能否正常工作？实验是否能证明这一点？

（4）根据不对称负载三角形连接时的相电流做相量图，求出线电流后，与实验测量的线电流进行比较，并进行分析。

（5）在报告中要进行实验数据的处理和误差原因的分析。

实验 11　初步认识三相鼠笼式异步电动机的基本结构和额定值

1. 实验目的

（1）熟悉三相鼠笼式异步电动机的结构和额定值。

（2）学习检验三相鼠笼式异步电动机绝缘情况的方法。

（3）学习三相鼠笼式异步电动机定子绕组首、末端的判别方法。

（4）掌握三相鼠笼式异步电动机的启动和反转方法。

2. 原理说明

（1）三相鼠笼式异步电动机的结构

三相鼠笼式异步电动机是基于电磁原理把交流电能转换为机械能的一种旋转电动机。三相鼠笼式异步电动机的基本结构有定子和转子两大部分。

定子主要由定子铁芯、三相对称定子绕组及机座等组成，是电动机的静止部分。三相对称定子绕组一般有六根引出线，出线端装在机座外面的接线盒内，如图 11-1 所示。根据三相电源电压的不同，三相对称定子绕组可以接成星形或三角形，然后与三相交流电源相连。

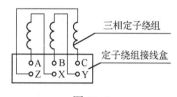

图 11-1

转子主要由转子铁芯、转轴、鼠笼式转子绕组及风扇等组成，是电动机的旋转部分。小容量鼠笼式异步电动机的转子绕组大都采用铝浇铸而成。冷却方式一般都采用风冷式。

（2）三相鼠笼式异步电动机的铭牌

三相鼠笼式异步电动机的额定值标记在铭牌上。下面为本实验三相鼠笼式异步电动机的铭牌。

型号：DJ24；电压：380V/220V；接法：Y/△；功率：180W；电流：1.13A/0.65A；转速：1400r/min；定额：连续。

其中：

① 功率是在额定运行情况下，电动机轴上输出的机械功率；

② 电压是在额定运行情况下，三相对称定子绕组应加的电源线电压；

③ 接法是三相对称定子绕组接法，当额定电压为 380V/220V 时，应为 Y/△接法。

④ 电流是在额定运行情况下，当电动机输出额定功率时，定子电路的线电流。

（3）三相鼠笼式异步电动机的检查

三相鼠笼式异步电动机在使用前应进行必要的检查。

① 机械检查。

机械检查包括检查引出线是否齐全、牢靠，转子转动是否灵活、匀称，是否有异常声响等。

② 电气检查。

用兆欧表检查三相鼠笼式异步电动机绕组间及绕组与机壳之间的绝缘性能。对额定电压为 1000V 以下的三相鼠笼式异步电动机，其绝缘电阻值应大于 1000Ω，测量方法如图 11-2 所示。一般 500V 以下的中小型三相鼠笼式异步电动机应具有至少 2MΩ 的绝缘电阻。

（4）定子绕组首、末端的判别

三相鼠笼式异步电动机三相定子绕组的六个出线端包括三个首端和三相末端。一般，首端标以 A、B、C，末端标以 X、Y、Z。在接线时，如果没有按照首、末端的标记来接，则当三相鼠笼式电动机启动时，磁势和电流就会不平衡，可引起绕组发热、振动、噪声，甚至

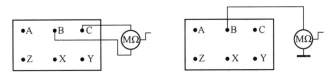

图 11-2

不能启动或因过热而被烧毁。由于某种原因无法辨认定子绕组六个出线端的标记时，可以通过实验方法判别首、末端（同名端）。其方法如下。

用万用表的欧姆挡确定六个出线端中的哪一对属于同一相，分别找出三相绕组，并标记符号，如 A、X，B、Y，C、Z，将其中的任意两相绕组串联，如图 11-3 所示。

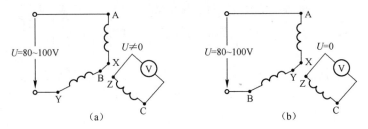

图 11-3

将三相自耦调压器的手柄置零位，开启电源总开关，按下启动按钮，接通三相交流电源；调节调压器的输出，使串联两相绕组的出线端有单相低电压 $U = 80 \sim 100\text{V}$，测量第三相绕组的电压，如有一定的读数，则两相绕组的末端与首端相连，如图 11-3（a）所示；反之，如近似为零，则两相绕组的末端与末端（或首端与首端）相连，如图 11-3（b）所示。用同样的方法可测量第三相绕组的首、末端。

（5）三相鼠笼式异步电动机的启动

三相鼠笼式异步电动机的直接启动电流可达额定电流的 4~7 倍，但持续时间很短，不至于引起过热而被烧坏。但对容量较大的三相鼠笼式异步电动机，过大的启动电流会导致电网电压的下降，影响其他负载的正常运行，因此通常采用降压启动，最常用的是 Y–△ 换接启动，可使启动电流减小到直接启动的 1/3，但使用的条件必须为 △ 连接。

（6）三相鼠笼式异步电动机的反转

三相鼠笼式异步电动机的旋转方向取决于三相电源接入定子绕组时的相序，只要改变三相电源与定子绕组连接的相序，即可改变旋转方向。

3. 实验设备

（1）三相交流电源（380V，220V）。

（2）三相鼠笼式异步电动机（DJ24）。

（3）兆欧表（500V）。

（4）交流电压表（0~500V）。

（5）交流电流表（0~5A）。

（6）万用表。

4. 实验内容

（1）抄录三相鼠笼式异步电动机的铭牌数据，并观测结构。

（2）用万用表判别定子绕组的首、末端。

（3）用兆欧表测量三相鼠笼式异步电动机的绝缘电阻。

各相绕组之间的绝缘电阻		绕组对地（机座）之间的绝缘电阻	
A 相与 B 相	（MΩ）	A 相与地（机座）	（MΩ）
A 相与 C 相	（MΩ）	B 相与地（机座）	（MΩ）
B 相与 C 相	（MΩ）	C 相与地（机座）	（MΩ）

（4）三相鼠笼式异步电动机的直接启动。

① 采用 380V 三相交流电源。

将三相自耦调压器的手柄置于输出电压为零的位置；三相电压表的切换开关置于"调压输出"侧；根据三相鼠笼式异步电动机的容量选择交流电流表的合适量程。

开启三相电源总开关，按启动按钮时，自耦调压器的一次侧绕组端 U_1、V_1、W_1 得电，调节自耦调压器的输出使 U、V、W 端输出的线电压为 380V，三块电压表的指示应基本平衡。保持三相自耦调压器的手柄位置不变，按停止按钮，三相自耦调压器断电。

a. 按如图 11-4 所示接线，供电线电压为 380V，Q1 为接触器，FU 为熔断器，由 U、V、W 端子开始接线，以后各控制实验均同此。

b. 按启动按钮，三相鼠笼式异步电动机直接启动，观测启动瞬间的电流冲击情况及旋转方向，记录启动电流。当启动运行稳定后，将电流表的量程切换至较小的量程挡位上，记录空载电流。

c. 三相鼠笼式异步电动机稳定运行后，突然拆除 U、V、W 中的任一相电源（注意，要小心操作，以免触电），观测三相鼠笼式异步电动机做单相运行时电流表的读数并记录，再仔细倾听运行的声音有何变化（可由指导教师做示范操作）。

d. 在三相鼠笼式异步电动机启动之前，先断开 U、V、W 中的任一相做缺相启动，观测电流表的读数，并记录数据；观测三相鼠笼式异步电动机是否启动；再仔细倾听是否发出异常的声响。

e. 实验完毕后，按停止按钮，切断实验线路的三相电源。

② 采用 220V 三相交流电源。

调节自耦调压器的输出使输出线电压为 220V，三相鼠笼式异步电动机的定子绕组接成△。

按如图 11-5 所示接线，重复①中的各项操作内容，记录数据。

（5）三相鼠笼式异步电动机的反转

如图 11-6 所示，按启动按钮，观测启动电流及三相鼠笼式异步电动机的旋转方向是否为反转。

实验完毕后，将自耦调压器调回到零位，按停止按钮，切断实验线路的三相电源。

5. 实验注意事项

（1）本实验是强电实验，在接线前（包括改接线路）、实验后都必须断开实验线路的电源，特别是在改接线路和拆线时，必须遵守"先断电，后拆线"的原则。三相鼠笼式异步电动机在运转时，电压和转速均很高，切勿触碰导电和转动部分，以免发生人身和设备事故。为了确保安全，学生应穿绝缘鞋进入实验室。接线或改接线路时，必须经指导教师检查后，方可进行实验。

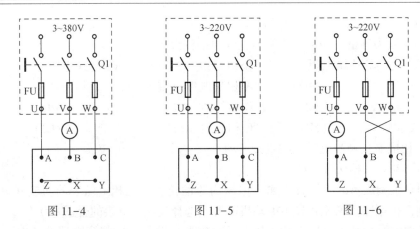

图 11-4　　　　　　　图 11-5　　　　　　　图 11-6

（2）启动电流持续时间很短，且只能在接通电源的瞬间读取电流表指针偏转的最大读数（因指针偏转的惯性，故此读数与实际的启动电流数据略有不同）。如错过这一瞬间，则必须将三相鼠笼式异步电动机停机，待停稳后，再重新启动读取数据。

（3）单相（缺相）运行时间不能太长，以免过大的电流损坏三相鼠笼式异步电动机。

6. 预习思考题

（1）如何判断三相鼠笼式异步电动机的六个引出线？如何进行 Y 连接或 △ 连接？根据什么确定该电动机是 Y 连接或 △ 连接？

（2）缺相是三相鼠笼式异步电动机运行中的一大故障，在启动或运转时发生缺相会出现什么现象？有何后果？

（3）三相鼠笼式异步电动机的转子被卡住不能转动，如果定子绕组接通三相电源，将会发生什么后果？

7. 实验报告

（1）总结对三相鼠笼式异步电动机绝缘性能检查的结果，判断是否完好可用。

（2）对三相鼠笼式异步电动机的启动、反转及各种故障情况进行分析。

实验 12　三相鼠笼式异步电动机点动和自锁控制线路的连接与调试

1. 实验目的

（1）通过对三相鼠笼式异步电动机点动控制和自锁控制线路的实际安装接线，掌握由电气原理图变换成安装接线图的方法。

（2）通过实验进一步加深理解点动控制和自锁控制的特点。

2. 原理说明

（1）继电-接触控制在各类生产机械中获得广泛的应用，凡是需要进行前后、上下、左右、进退等运动的生产机械，均需采用典型的正、反转继电-接触控制。

交流电动机继电-接触控制电路的主要设备是交流接触器。其主要构造为：

① 电磁系统——铁芯、吸引线圈和短路环；

② 触头系统——主触头和辅助触头，还可按吸引线圈得电前、后触头的动作状态分动

合触头（常开）、动断触头（常闭）两类；

③ 消弧系统——在切断大电流的触头上装有灭弧罩，可迅速切断电弧；

④ 接线端子、反作用弹簧等。

（2）控制回路常采用接触器的辅助触头实现自锁和互锁控制。自锁就是要求接触器的线圈得电后能自动保持动作后的状态，通常用接触器自身的动合触头与启动按钮相并联来实现，以达到三相鼠笼式异步电动机的长期运行。该动合触头被称为自锁触头。使两个电器不能同时得电动作的控制被称为互锁控制，如为了避免正、反转两个接触器同时得电而造成三相电源短路事故，必须增设互锁控制环节。为操作方便，也为防止因接触器主触头长期大电流的烧蚀而偶发触头粘连后造成三相电源短路事故，通常在具有正、反转控制线路中，采用既有接触器动断辅助触头的电气互锁，又有复合按钮机械互锁的双重互锁控制环节。

（3）控制按钮通常用于短时通、断小电流的控制回路，可实现近、远距离控制电动机等执行部件的启、停或正、反转控制。按钮专供人工操作使用。复合按钮触点的动作规律是，当被按下时，其动断触头先断，动合触头后合；当被松开时，其动合触头先断，动断触头后合。

（4）在三相鼠笼式异步电动机的运行过程中，应对可能出现的故障进行保护。

采用熔断器做短路保护，当三相鼠笼式异步电动机或电器发生短路时，可及时熔断熔体，达到保护线路、保护电源的目的。熔体熔断的时间与流过的电流关系被称为熔断器的保护特性。这是选择熔体的主要依据。

采用热继电器实现过载保护可使三相鼠笼式异步电动机免受长期过载的危害。其主要的技术指标是额定电流值，即电流超过该值的20%时，动断触头应能在一定的时间内断开，切断控制回路，切断后，只能由人工进行复位。

（5）电气控制线路最常见的故障发生在接触器上。接触器线圈的电压等级通常有220V和380V，使用时必须认清，切勿疏忽；否则，电压过高，易烧坏线圈；电压过低，吸力不够，不易吸合或吸合频繁，不但会产生很大的噪声，也会因磁路气隙增大，致使电流过大，烧坏线圈。此外，在接触器铁芯的部分端面嵌装有短路铜环，其主要作用是为了使铁芯吸合牢靠，消除振动和噪声。若短路铜环脱落或断裂，则接触器将会产生振动和噪声。

3. 实验设备与元器件

（1）三相交流电源（220V）。

（2）三相鼠笼式异步电动机（DJ24）。

（3）交流接触器（JZC4-40）。

（4）按钮。

（5）热继电器（D9305d）。

（6）交流电压表（0~500V）。

（7）万用表。

4. 实验内容

认识各元器件的结构、图形符号、接线方法；抄录三相鼠笼式异步电动机的铭牌数据；

用万用表的欧姆挡检查各元器件的线圈、触头是否完好。

三相鼠笼式异步电动机接为三角形；电源端接三相自耦调压器的输出端 U、V、W，供电线电压为 220V。

（1）点动控制电路

按如图 12-1 所示的点动控制电路进行接线，先接主电路，即从 220V 三相交流电源的输出端 U、V、W 开始，经接触器 KM 的主触头、热继电器 FR 到三相鼠笼式异步电动机 M 的三个线端 A、B、C，用导线按顺序连接起来。主电路连接完整无误后，再连接控制电路，即从 220V 三相交流电源某输出端（如 V）开始，经常开按钮 SB_1、接触器 KM 的线圈、热继电器 FR 的常闭触头到三相交流电源的另一个输出端（如 W）。显然，这是对接触器 KM 线圈供电的电路。接好电路，经指导教师检查后，方可进行通电操作。

① 开启电源总开关，按启动按钮，调节调压器的输出，使输出线电压为 220V。

② 按启动按钮 SB_1，对三相鼠笼式异步电动机 M 进行点动操作，比较按下 SB_1 与松开 SB_1 时，三相鼠笼式异步电动机和接触器的运行情况。

③ 实验完毕后，按停止按钮，切断实验线路的三相交流电源。

（2）自锁控制电路

按如图 12-2 所示的自锁控制电路进行接线，与图 12-1 的不同点在于，自锁控制电路多串联一个常闭按钮 SB_2，同时，在 SB_1 上并联 1 个接触器 KM 的常开触头，起自锁作用。

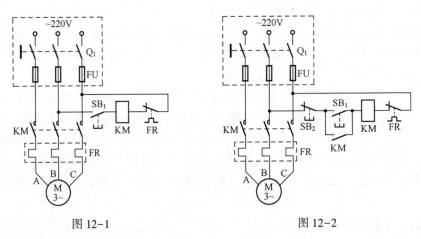

图 12-1　　　　　　　　　　　图 12-2

接好电路，经指导教师检查后，方可进行通电操作。

① 按启动按钮，接通 220V 三相交流电源。

② 按启动按钮 SB_1，松手后，观测三相鼠笼式异步电动机 M 是否继续运转。

③ 按停止按钮 SB_2，松手后，观测三相鼠笼式异步电动机 M 是否停止运转。

④ 按停止按钮，切断实验线路的三相电源，拆除控制回路中的自锁触头 KM，再接通三相电源，启动三相鼠笼式异步电动机，观测三相鼠笼式异步电动机及接触器的运转情况，从而验证自锁触头的作用。

实验完毕后，将自耦调压器调回到零位，按停止按钮，切断实验线路的三相交流电源。

5. 实验注意事项

（1）接线时，应合理安排挂箱位置，接线要求牢靠、整齐、清楚、安全可靠。

（2）操作时，要胆大、心细、谨慎，不许用手触及各电器元器件的导电部分及三相鼠笼式异步电动机的转动部分，以免触电，造成意外损伤。

（3）通电观测继电器元器件的动作情况时，要注意安全，防止碰触带电部位。

6. 预习思考题

（1）试比较点动控制电路与自锁控制电路在结构上的主要区别是什么？在功能上的主要区别是什么？

（2）自锁控制电路在长期工作后可能出现失去自锁作用。试分析产生的原因是什么？

（3）交流接触器线圈的额定电压为 220V，若误接到 380V 电源上，会产生什么后果？反之，若接触器线圈电压为 380V，而电源线电压为 220V，则结果又如何？

（4）在主电路中，熔断器和热继电器可否少用一个或两个？熔断器和热继电器两者可否只采用其中一个就可起到短路和过载保护的作用？为什么？

实验 13　三相鼠笼式异步电动机正、反转控制线路的连接与调试

1. 实验目的

（1）通过对三相鼠笼式异步电动机正、反转控制电路的安装接线，掌握由电气原理图接成实际操作电路的方法。

（2）加深对电气控制系统各种保护、自锁、互锁等环节的理解。

（3）学会分析、排除继电-接触控制电路故障的方法。

2. 原理说明

三相鼠笼式异步电动机的正、反转控制电路可通过相序的更换改变旋转方向。本实验给出两种不同的正、反转控制电路，如图 13-1、图 13-2 所示。

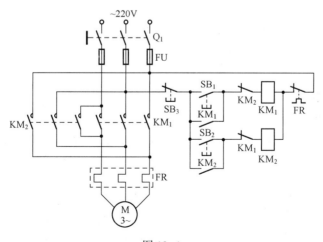

图 13-1

31

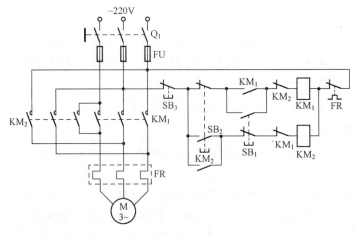

图 13-2

（1）电气互锁

为了避免接触器 KM_1（正转）、KM_2（反转）同时得电吸合造成三相电源短路，在 KM_1（KM_2）线圈支路中串接有 KM_1（KM_2）动断触头，可保证电路在工作时，KM_1、KM_2 不会同时得电（见图 13-1），达到电气互锁的目的。

（2）电气和机械双重互锁

除电气互锁外，可再采用复合按钮 SB_1 和 SB_2 组成的机械互锁环节（见图 13-2），以求电路工作更加可靠。

（3）电路具有短路、过载及失、欠压保护等功能

3. 实验设备与元器件

（1）三相交流电源（220V）。

（2）三相鼠笼式异步电动机（DJ24）。

（3）交流接触器（JZC4-40）。

（4）按钮。

（5）热继电器（D9305d）。

（6）交流电压表（0~500V）。

（7）万用表。

4. 实验内容

认识各个元器件的结构、图形符号、接线方法；抄录三相鼠笼式异步电动机的铭牌数据；用万用表的欧姆挡检测各电器线圈、触头是否完好。

三相鼠笼式异步电动机接成三角形；电源端接三相自耦调压器的输出端 U、V、W，供电线电压为 220V。

（1）接触器联锁的正、反转控制电路

按图 13-1 接线，经指导教师检查后，方可进行通电操作。

① 开启电源总开关，按启动按钮，调节自耦调压器的输出，使输出线电压为 220V。

② 按正向启动按钮 SB_1，观测并记录三相鼠笼式异步电动机的转向和接触器的运行情况。

③ 按反向启动按钮 SB_2，观测并记录三相鼠笼式异步电动机和接触器的运行情况。

④ 按停止按钮 SB_3，观测并记录三相鼠笼式异步电动机的转向和接触器的运行情况。

⑤ 再按启动按钮 SB_2，观测并记录三相鼠笼式异步电动机的转向和接触器的运行情况。

⑥ 实验完毕后，按停止按钮，切断三相交流电源。

（2）接触器和按钮双重联锁的正、反转控制电路

按图 13-2 接线，经指导教师检查后，方可进行通电操作。

① 按启动按钮，接通 220V 三相交流电源。

② 按正向启动按钮 SB_1，三相鼠笼式异步电动机正向启动，观测三相鼠笼式异步电动机的转向和接触器的动作情况；按停止按钮 SB_3，使三相鼠笼式异步电动机停转。

③ 按反向启动按钮 SB_2，三相鼠笼式异步电动机反向启动，观测三相鼠笼式异步电动机的转向和接触器的动作情况；按停止按钮 SB_3，使三相鼠笼式异步电动机停转。

④ 按正向（或反向）启动按钮，三相鼠笼式异步电动机启动后，再按反向（或正向）启动按钮，观测有何情况发生。

⑤ 三相鼠笼式异步电动机停稳后，同时按正、反向两个启动按钮，观测有何情况发生。

⑥ 失压与欠压保护。

a. 按启动按钮 SB_1（或 SB_2），三相鼠笼式异步电动机启动后，按停止按钮，断开实验线路的三相电源，模拟三相鼠笼式异步电动机的失压（或零压）状态，观测三相鼠笼式异步电动机和接触器的动作情况后，再按启动按钮，接通三相电源，但不按 SB_1（或 SB_2），观测三相鼠笼式异步电动机能否自行启动。

b. 重新启动三相鼠笼式异步电动机后，逐渐减小三相自耦调压器的输出电压，直至接触器释放，观测三相鼠笼式异步电动机是否自行停转。

⑦ 过载保护。

打开热继电器的后盖，当三相鼠笼式异步电动机启动后，人为拨动双金属片模拟三相鼠笼式异步电动机的过载情况，观测三相鼠笼式异步电动机和接触器的动作情况。

注意：此项内容较难操作且危险，有条件时可由指导教师做示范操作。

实验完毕后，将自耦调压器调回零位，按停止按钮，切断实验线路的电源。

5. 故障分析

（1）接通电源后，按启动按钮（SB_1 或 SB_2），接触器吸合，但三相鼠笼式异步电动机不转且发出"嗡嗡"的声响，或者虽能启动，但转速很慢。这种故障的原因大多是主电路的一相断线或电源缺相。

（2）接通电源后，按启动按钮（SB_1 或 SB_2），若接触器通、断频繁，且发出连续的"劈啪"声或吸合不牢，发出振动声，则原因可能为：①线路接错，将接触器线圈与自身的动断触头串在一条回路上了；②自锁触头接触不良，时通时断；③接触器铁芯上的短路铜环脱落或断裂；④电源电压过低或与接触器线圈电压等级不匹配。

6. 预习思考题

（1）在三相鼠笼式异步电动机的正、反转控制电路中，为什么必须保证两个接触器不能同时工作？采用哪些措施可解决此问题？这些措施有何利弊？最佳措施是什么？

（2）在控制电路中，短路、过载及失、欠压保护等功能是如何实现的？在实际运行过程

中，这几种保护有何意义？

实验 14　三相异步电动机顺序控制线路的连接与调试

1. 实验目的

（1）通过各种不同顺序控制的接线，加深对一些特殊要求机床控制电路的了解。

（2）进一步加强学生的动手能力和理解能力，将理论知识和实际经验有效结合。

2. 实验方法

（1）三相异步电动机启动顺序控制（一）

按如图 14-1 所示接线。本实验需用 M_1、M_2 两台三相异步电动机。如果只有一台三相异步电动机，则可用灯组负载来模拟 M_2。图中，U、V、W 为实验台上三相调压器的输出插孔。

① 将三相调压器的手柄逆时针旋转到底，启动实验台的电源，调节三相调压器，使输出线电压为 220V。

② 按下 SB_1，观测三相异步电动机的运转情况和接触器的吸合情况。

③ 在保持 M_1 运转时，按下 SB_2，观测三相异步电动机的运转情况和接触器的吸合情况。

a. 在 M_1 和 M_2 都运转时，能不能单独停止 M_2？

b. 按下 SB_3，三相异步电动机停转后，按下 SB_2，三相异步电动机 M_2 是否启动？为什么？

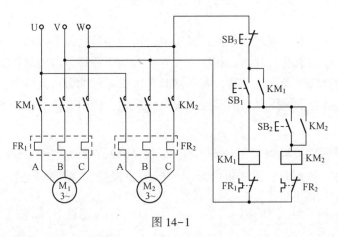

图 14-1

（2）三相异步电动机启动顺序控制（二）

按如图 14-2 所示接线。图中，U、V、W 为实验台上三相调压器的输出插孔。

① 将三相调压器的手柄逆时针旋转到底，启动实验台电源，调节三相调压器，使输出线电压为 220V。

② 按下 SB_2，观测并记录三相异步电动机和各接触器的运行状态。

③ 再按下 SB_4，观测并记录三相异步电动机和各接触器的运行状态。

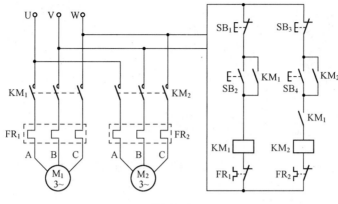

图 14-2

④ 单独按下 SB_3，观测并记录三相异步电动机和各接触器的运行状态。

⑤ 在 M_1 和 M_2 都运行时，按下 SB_1，观测三相异步电动机和各接触器的运行状态。

（3）三相异步电动机停止顺序控制

实验电路同图 14-2。

① 接通 220V 三相交流电源。

② 按下 SB_2，观测并记录三相异步电动机和接触器的运行状态。

③ 同时按下 SB_4，观测并记录三相异步电动机和接触器的运行状态。

④ 在 M_1 和 M_2 都运行时，单独按下 SB_1，观测并记录三相异步电动机和接触器的运行状态。

⑤ 在 M_1 和 M_2 都运行时，单独按下 SB_3，观测并记录三相异步电动机和接触器的运行状态。

⑥ 按下 SB_3，M_2 停止后，再按下 SB_1，观测并记录三相异步电动机和接触器的运行状态。

3. 实验设备与元器件

（1）三相异步电动机（△/220V，DJ24）。

（2）继电接触控制挂箱（一）（D61-2）。

（3）继电接触控制挂箱（二）（D62-2）。

（4）灯组负载（DG08）。

4. 讨论题

（1）画出图 14-1、图 14-2 的运行原理流程图。

（2）比较图 14-1、图 14-2 两种电路的不同点和各自的特点。

（3）列举几个顺序控制的机床控制实例，并说明用途。

实验 15　C620 车床电气控制线路的连接与调试

1. 实验目的

（1）通过对 C620 车床电气控制电路的实际安装接线，掌握由电气原理图变换成安装接线图的方法。

（2）通过实验进一步理解车床电气控制的原理。

2. 原理说明

图 15-1 为 C620 车床电气控制原理图。

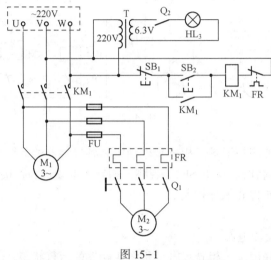

图 15-1

C620 车床由主电动机 M_1 和冷却泵电动机 M_2 及相关的电气控制系统组成。两台电动机只要求单方向运转。主电动机 M_1 投入工作后，当需要冷却泵时，合手动开关 Q_1，冷却泵电动机 M_2 投入工作，由于 M_2 功率小，采用手动开关 Q_1 进行直接启动可省去接触器和按钮，比较经济，操作也方便；当不需要冷却泵时，可单独关掉 M_2，如因 M_2 过载使热继电器动作，则两台电动机 M_1、M_2 同时断电，停止运行。

3. 实验设备与元器件

（1）三相交流电源（220V）。

（2）三相鼠笼式异步电动机（DJ24）。

（3）交流接触器（JZC4-40）。

（4）照明变压器（220/6.3V）。

（5）照明灯（6.3V）。

（6）热继电器（D9305d）。

（7）灯组负载。

（8）开关。

（9）白炽灯（220V，100W）。

（10）按钮。

4. 实验内容

三相鼠笼式异步电动机 M_1 接成三角形，电源端接三相调压器的输出端（U、V、W），线电压为 220V。按图 15-1 接线。如果只有一台三相鼠笼式异步电动机，则可用灯组负载模拟 M_2。经指导教师检查后，方可进行通电操作。

（1）开启电源总开关，按启动按钮，调节三相调压器的输出，使输出线电压为 220V。

（2）按下 SB_2，接触器 KM_1 线圈得电，主电路中的常开主触头 KM_1 接通，主电动机 M_1 启动运转。

（3）接通灯组负载开关，灯亮，表示冷却泵电动机 M_2 工作。

（4）若车床需照明灯，则可合上开关 Q_2，HL_3 点亮。

（5）按下 SB_1，KM_1 线圈断电，主电路中的主触头 KM_1 断开，主电动机 M_1 断电停止运转，同时灯组负载的亮灯熄灭，表示冷却泵电动机 M_2 也停止运转。

（6）去掉一个熔断器 FU，或者增加灯组负载的亮灯数，模拟冷却泵电动机 M_2 缺相或过载，使热继电器 FR 动作，控制电路的常闭触点 FR 断开，KM_1 线圈断电，主触头断开，主电动机 M_1 和冷却泵电动机 M_2 同时停止运转。

5. 讨论题

（1）为什么冷却泵电动机接在主触头 KM_1 的下面？

（2）为什么照明灯要接在主触头 KM_1 的上面？

第2篇　模拟电子技术（天煌教仪）

实验16　常用电子仪器的使用

1. 实验目的

（1）了解电子电路实验中常用的电子仪器，如示波器、函数信号发生器、直流稳压电源、交流毫伏表及频率计等的主要技术指标、性能及正确使用方法。

（2）初步掌握用双踪示波器观测正弦信号波形和读取波形参数的方法。

2. 实验原理

模拟电子电路实验经常使用的电子仪器有示波器、函数信号发生器、直流稳压电源、交流毫伏表及频率计等。它们与万用表一起可以完成对模拟电子电路静态和动态工作情况的测量。

综合使用各种电子仪器时，可按照信号流向，以连线简洁、调节顺手、观测和读数方便等原则进行合理布局。各种电子仪器与被测实验装置之间的布局和连接如图16-1所示。接线时应注意，为防止外界干扰，各种电子仪器的公共接地端应连接在一起，被称为共地。函数信号发生器和交流毫伏表的引线通常采用屏蔽线或专用电缆。示波器的接线使用专用电缆。直流稳压电源的接线采用普通导线。

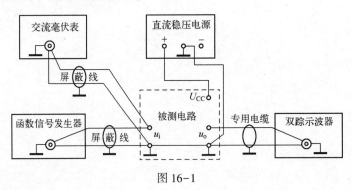

图 16-1

（1）双踪示波器

双踪示波器是一种用途很广的电子测量仪器。它既能直接显示电信号的波形，又能对电信号进行各种参数的测量。

① 寻找扫描光迹。

将双踪示波器的 Y 轴显示方式置为 Y_1 或 Y_2，输入耦合方式置为 GND，开机预热后，若在显示屏上不出现光点和扫描基线，则可按下列操作找到扫描线：a. 适当调节亮度旋钮；b. 将触发方式开关置为自动；c. 适当调节垂直（↕）、水平（⇌）位移旋钮，使扫描光迹位于屏幕中央（若双踪示波器设有"寻迹"按键，则可按下"寻迹"按键，判断光迹偏移基线的方向）。

② 双踪示波器一般有五种显示方式，即 Y_1、Y_2、Y_1+Y_2 三种单踪显示方式和交替、断续两种双踪显示方式。交替显示一般适用于输入信号频率较高时；断续显示一般适用于输入信号频率较低时。

③ 为了显示稳定的被测信号波形，"触发源选择"开关一般选为"内"触发，使扫描触发信号取自示波器内部的 Y 通道。

④ 触发方式开关通常先置在"自动"调出波形，若波形不稳定，则可将触发开关置在"常态"，通过调节"触发电平"旋钮找到合适的触发电压，使波形稳定地显示在双踪示波器的屏幕上。

⑤ 适当调节"扫描速率"开关和"Y 轴灵敏度"开关，使屏幕上显示一二个周期的波形。在测量幅值时，应注意将"Y 轴灵敏度微调"旋钮置在"校准"位置上，即顺时针旋到底，且听到关的声音。在测量周期时，应注意将"X 轴扫描速率微调"旋钮置在"校准"位置，即顺时针旋到底，且听到关的声音，还要注意"扩展"旋钮的位置。

根据波形在屏幕坐标刻度中垂直方向上所占的格数（div 或 cm）与"Y 轴灵敏度"开关指示值（V/div）的乘积可计算出信号幅值的实测值。

根据波形一个周期在屏幕坐标刻度中水平方向上所占的格数（div 或 cm）与"扫描速率"开关指示值（t/div）的乘积可计算出信号频率的实测值。

（2）函数信号发生器

函数信号发生器按需要可输出正弦波、方波、三角波三种信号波形，最大输出电压为 20V，通过"输出衰减"开关和"输出幅度调节"旋钮可使输出电压在毫伏级到伏级范围内连续调节。函数信号发生器的输出信号频率可以通过频率分挡开关进行调节。

函数信号发生器作为信号源时，输出端不允许短路。

（3）交流毫伏表

交流毫伏表只能在工作频率范围内测量正弦交流电压的有效值。为了防止因过载而损坏，在测量前，一般先把量程开关置在较大量程的位置上，然后在测量中逐挡减小量程。

3. 实验设备

（1）函数信号发生器。

（2）双踪示波器。

（3）交流毫伏表。

4. 实验内容

（1）用机内校正信号对双踪示波器进行自检

① 扫描基线调节。

将双踪示波器的"显示方式"开关置在"单踪"显示（Y_1 或 Y_2），"输入耦合方式"开关置在"GND"，"触发方式"开关置在"自动"。开启电源开关后，调节"辉度""聚焦""辅助聚焦"等旋钮，在屏幕上显示一条细而且亮度适中的扫描基线后，调节"X 轴位移"（⇌）和"Y 轴位移"（↕）旋钮，使扫描基线位于屏幕中央，并且能上、下、左、右自如移动。

②测量"校正信号"波形的幅度、频率。

将双踪示波器的"校正信号"通过专用电缆引入选定的 Y 通道（Y_1 或 Y_2），将"Y 轴输入耦合方式"开关置在"AC"或"DC"，"触发源选择"开关置在"内"，"内触发源选择"开关置在"Y_1"或"Y_2"，调节 X 轴"扫描速率"开关（t/div）和 Y 轴"输入灵敏度"开关（V/div），在屏幕上可显示一个或数个周期的稳定方波波形。

a. 校准"校正信号"幅度。

将"Y 轴灵敏度微调"旋钮置在"校准"位置，"Y 轴灵敏度"开关置在适当位置，读取校正信号幅度，将数据记录在表 16-1 中。

表 16-1

实 验 内 容	标 准 值	实 测 值
幅度（V）		
频率（kHz）		

注：不同型号双踪示波器的标准值不同，请按所使用的双踪示波器将标准值填入表中。

b. 校准"校正信号"频率。

将"扫描速率微调"旋钮置在"校准"，"扫描速率"开关置在适当位置，读取校正信号周期，记录在表 16-1 中。

c. 测量"校正信号"的上升时间和下降时间。

调节"Y 轴灵敏度"开关及微调旋钮，移动波形，使方波波形在垂直方向上正好在中心轴上，且上、下对称，便于阅读。通过"扫描速率"开关逐级提高扫描速度，使波形在 X 轴方向上扩展（必要时，可以利用"扫描速率扩展"开关将波形再扩展 10 倍），并同时调节触发电平旋钮，在屏幕上可清楚地观测到上升时间和下降时间。

（2）用双踪示波器和交流毫伏表测量信号参数

调节函数信号发生器的有关旋钮，输出频率分别为 100Hz、1kHz、10kHz、100kHz，有效值均为 1V（交流毫伏表测量值）的正弦波信号。

改变双踪示波器"扫描速率"开关和"Y 轴灵敏度"开关的位置，测量输出电压的频率和峰-峰值，将数据记录在表 16-2 中。

表 16-2

频　率	双踪示波器测量值		电压毫伏表测量值（V）	双踪示波器测量值	
	周期（ms）	频率（Hz）		峰-峰值（V）	有效值（V）
100Hz					
1kHz					
10kHz					
100kHz					

（3）测量两波形间的相位差

① 观测双踪示波器"交替"和"断续"两种显示方式的特点

Y_1、Y_2 均不加输入信号，"输入耦合方式"置在"GND"，"扫描速率"开关置在较低的挡位（如 0.5s/div 挡）和较高的挡位（如 5μs/div 挡），"显示方式"开关分别置在"交替"和"断续"的位置，观测两条扫描基线的显示特点，并记录。

② 用双踪示波器显示两波形间的相位差。

a. 按如图 16-2 所示连接实验电路，将函数信号发生器的输出电压调至频率为 1kHz、幅值为 2V 的正弦波，经 RC 移相网络获得频率相同但相位不同的两路信号 u_i 和 u_R，分别加到双踪示波器的 Y_1 和 Y_2 输入端。

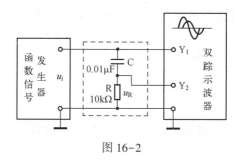

图 16-2

为便于稳定波形，比较两波形的相位差，应使内触发信号取自被设定为测量基准的一路信号。

b. 把"显示方式"开关置在"交替"位置，将"Y_1 和 Y_2 输入耦合方式"开关置在"?"位置，调节 Y_1、Y_2 的（↕）移位旋钮，使两条扫描基线重合。

c. 将"Y_1、Y_2 输入耦合方式"开关置在"AC"位置，调节"触发电平"、"扫描速率"开关及"Y_1、Y_2 灵敏度"开关，在屏幕上可显示出易于观测的两个相位不同的正弦波形 u_i 和 u_R，如图 16-3 所示。根据两波形在水平方向的差距 X 和信号周期 X_T，即可求得两波形的相位差为

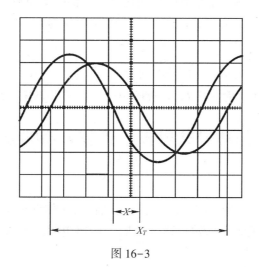

图 16-3

$$\theta = \frac{X(\text{div})}{X_T(\text{div})} \times 360°$$

式中，X_T 为一个周期波形所占的格数；X 为两波形在 X 轴方向的差距格数。两波形的相位差记录在表 16-3 中。

表 16-3

一个周期波形所占的格数	两波形在 X 轴方向的差距格数	相 位 差	
		实 测 值	计 算 值
$X_T =$	$X =$	$\theta =$	$\theta =$

为读数和计算方便，可适当调节"扫描速率"开关和微调旋钮，使波形一个周期所占的格数为整数。

5. 实验总结

（1）整理实验数据，并进行分析。

（2）问题讨论：

① 如何操作双踪示波器的有关旋钮，以便从双踪示波器的屏幕上观测到稳定、清晰的波形？

② 用双踪示波器显示波形，要求在比较相位时，可在屏幕上得到稳定的波形，应怎样选择下列开关的位置？

a. 显示方式选择（Y_1，Y_2，Y_1+Y_2，交替，断续）。

b. 触发方式（常态，自动）。

c. 触发源选择（内，外）。

d. 内触发源选择（Y_1，Y_2，交替）。

③ 函数信号发生器有哪几种输出波形？输出端能否短接？如用屏蔽线作为输出引线，则屏蔽层一端应该接在哪个接线柱上？

④ 交流毫伏表是用来测量正弦波电压的还是用来测量非正弦波电压的？它的表头指示值是被测信号的什么数值？它是否可以用来测量直流电压的大小？

6. 预习要求

（1）阅读附录 A 中有关示波器部分的内容。

（2）已知 $C=0.01\mu F$、$R=10k\Omega$，计算图 16-2 RC 移相网络的阻抗角 θ。

实验 17　晶体管共射极单管放大器的分析与测量

1. 实验目的

（1）学会放大器静态工作点的调试方法，分析静态工作点对放大器性能的影响。

（2）掌握放大器电压放大倍数、输入电阻、输出电阻及最大不失真输出电压的测量方法。

（3）熟悉常用电子仪器和模拟电路实验设备的使用。

2. 实验原理

图 17-1 为电阻分压式工作点稳定单管放大器实验电路。图中，偏置电路采用 R_{B1} 和 R_{B2} 组成的分压电路，并在发射极中接有电阻 R_E，以稳定放大器的静态工作点。当在放大器的输入端加入输入信号 U_i 后，在放大器的输出端便可得到一个与 U_i 相位相反、幅值被放大的输出信号 U_o，从而实现了电压放大。

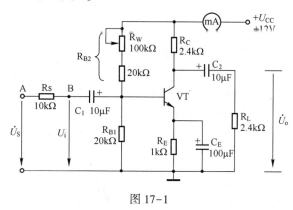

图 17-1

在图 17-1 中，当流过偏置电阻 R_{B1} 和 R_{B2} 的电流远大于晶体管 VT 的基极电流 I_B 时（一般为 5~10 倍），VT 的静态工作点可用下式估算，即

$$U_B \approx \frac{R_{B1}}{R_{B1}+R_{B2}} U_{CC}$$

$$I_E \approx \frac{U_B - U_{BE}}{R_E} \approx I_C$$

$$U_{CE} = U_{CC} - I_C(R_C + R_E)$$

电压放大倍数为

$$A_V = -\beta \frac{R_C // R_L}{r_{be}}$$

输入电阻为

$$R_i = R_{B1} // R_{B2} // r_{be}$$

输出电阻为

$$R_o \approx R_C$$

由于电子元器件性能的分散性比较大，因此在设计和制作晶体管放大电路时离不开测量和调试技术。在设计前，应测量所用元器件的参数，为电路设计提供必要的依据，在完成设计和装配以后，还必须测量和调试放大器的静态工作点和各项性能指标。一个优质的放大器必定是理论设计与实验调整相结合的产物。因此，除了学习放大器的理论知识和设计方法外，还必须掌握必要的测量和调试技术。

放大器的测量和调试一般包括静态工作点的测量和调试、消除干扰与自激振荡及各项动态参数的测量和调试等。

（1）静态工作点的测量和调试

① 静态工作点的测量。

测量放大器的静态工作点时应使输入信号 $U_i = 0$，即将放大器的输入端与地端短接，然后选用量程合适的直流毫安表和直流电压表分别测量晶体管的集电极电流 I_C 及各电极的对

地电压 U_B、U_C 和 U_E。在实验中，为了避免断开集电极，可采用测量电压 U_E 或 U_C 后，再算出 I_C 的方法。例如，只要测出 U_E，即可用 $I_C \approx I_E = \dfrac{U_E}{R_E}$ 算出 I_C，也可根据 $I_C = \dfrac{U_{CC} - U_E}{R_C}$ 确定 I_C，同时也能算出 $U_{BE} = U_B - U_E$，$U_{CE} = U_C - U_E$。

测量时，为了减小误差，提高测量精度，应选用内阻较高的直流电压表。

② 静态工作点的调试。

放大器静态工作点的调试是对晶体管集电极电流 I_C（或 U_{CE}）的调整与测量。

静态工作点是否合适对放大器的性能和输出波形都有很大的影响。如静态工作点偏高，则放大器在加入交流信号后易产生饱和失真，此时 u_o 的负半周将被削底，如图 17-2（a）所示；如静态工作点偏低，则易产生截止失真，即 u_o 的正半周被缩顶（一般截止失真不如饱和失真明显），如图 17-2（b）所示。这些情况都不符合不失真放大的要求。所以在选定静态工作点以后，还必须进行动态调试，即在放大器的输入端加入一定的输入电压 u_i，检查输出电压 u_o 的大小和波形是否满足要求。如不满足，则应调节静态工作点的位置。

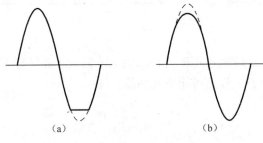

（a）　　　　　　　　　（b）

图 17-2

改变电路参数 U_{CC}、R_C、$R_B(R_{B1}、R_{B2})$ 都会引起静态工作点的变化，如图 17-3 所示。通常多采用调节偏置电阻 R_{B2} 的方法来改变静态工作点，如减小 R_{B2}，则可使静态工作点提高。

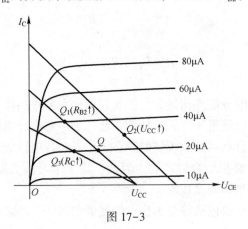

图 17-3

最后还要说明的是，上面所说的静态工作点"偏高"或"偏低"不是绝对的，是相对信号电压的幅度而言的。如输入信号电压幅度很小，即使静态工作点较高或较低，也不一定会出现失真。所以确切地说，产生波形失真是由于信号电压幅度与静态工作点配合不当所致的。如需满足较大信号电压幅度的要求，则静态工作点最好尽量靠近交流负载线的中点。

（2）动态参数的测量和调试

放大器的动态参数包括电压放大倍数、输入电阻、输出电阻、最大不失真输出电压
（动态范围）及通频带等。

① 电压放大倍数 A_V 的测量。

调整放大器到合适的静态工作点后，加入输入电压 u_i，在输出电压 u_o 不失真的情况下，
用交流毫伏表测出 u_i 和 u_o 的有效值 U_i 和 U_o，则

$$A_V = \frac{U_o}{U_i}$$

② 输入电阻 R_i 的测量。

为了测量放大器的输入电阻，按如图 17-4 所示电路在被测放大器的输入端与信号源之
间串入一已知电阻 R，在放大器正常工作的情况下，用交流毫伏表测出 U_S 和 U_i，根据输入
电阻的定义可得

$$R_i = \frac{U_i}{I_i} = \frac{U_i}{\dfrac{U_R}{R}} = \frac{U_i}{U_S - U_i} R$$

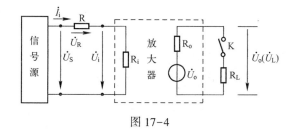

图 17-4

测量时应注意下列几点：

a. 由于电阻 R 的两端没有电路的公共接地点，所以测量 R 两端的电压 U_R 时，必须分
别测量 U_S 和 U_i，然后按 $U_R = U_S - U_i$ 求出 U_R。

b. 电阻 R 的值不宜取得过大或过小，以免产生较大的测量误差，通常取 R 与 R_i 为同一
数量级为好，本实验 $R = 1 \sim 2\text{k}\Omega$。

③ 输出电阻 R_o 的测量。

按如图 17-4 所示电路，在放大器正常工作的条件下，测量输出端在不接负载 R_L 时的
输出电压 U_o 和接入负载 R_L 后的输出电压 U_L，根据

$$U_L = \frac{R_L}{R_o + R_L} U_o$$

可求出

$$R_o = \left(\frac{U_o}{U_L} - 1 \right) R_L$$

在测量时应注意，必须保持 R_L 在接入前后的输入信号大小不变。

④ 最大不失真输出电压 U_{oPP} 的测量（最大动态范围）。

如上所述，为了得到最大动态范围，应将静态工作点调在交流负载线的中点。为此，在

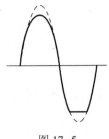

图 17-5

放大器正常工作的情况下，应逐步增大输入信号的幅度，并同时调节 R_W（改变静态工作点），用示波器观测 u_o，当输出波形同时出现削底和缩顶现象（见图 17-5，在静态工作点正常时，输入信号太大引起的失真）时，说明静态工作点已调在交流负载线的中点。反复调整输入信号，使波形输出幅度最大，且无明显失真时，用交流毫伏表测出 U_o（有效值），则动态范围等于 $2\sqrt{2}\,U_o$，或用示波器直接读出 U_{oPP}。

⑤ 放大器幅频特性的测量。

放大器的幅频特性是放大器的电压放大倍数 A_V 与输入信号频率 f 之间的关系曲线。单管阻容耦合放大电路的幅频特性曲线如图 17-6 所示。图中，A_{Vm} 为中频电压放大倍数。通常规定，电压放大倍数随频率变化下降到中频放大倍数的 $1/\sqrt{2}$ 倍，即 $0.707A_{Vm}$ 时所对应的频率分别被称为下限频率 f_L 和上限频率 f_H，则通频带 $f_{BW}=f_H-f_L$，放大器的幅频特性就是表示在不同频率信号时的电压放大倍数 A_V。为此，可采用前述测量 A_V 的方法，每改变一个信号频率就测量相应的电压放大倍数。测量时，应注意取点要恰当，在低频段和高频段应多测几点，在中频段可以少测几点。此外，在改变频率时，要保持输入信号的幅度不变，且输出波形不失真。

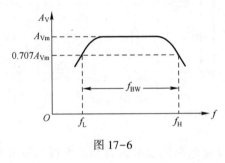

图 17-6

3. 实验设备与元器件

（1）+12V 直流电源。

（2）函数信号发生器。

（3）双踪示波器。

（4）交流毫伏表。

（5）直流电压表。

（6）直流毫安表。

（7）频率计。

（8）万用表。

（9）晶体三极管 3DG6×1($\beta=50\sim100$)或 9011×1、电阻器、电容器若干。

4. 实验内容

各种电子仪器及元器件可按如图 17-1 所示的方式连接。为防止干扰，各种电子仪器的公共端必须连在一起，同时函数信号发生器、交流毫伏表及双踪示波器的引线应采用专用电缆或屏蔽线。如使用屏蔽线，则屏蔽线的外包金属网应接在公共接地端上。

（1）调试静态工作点

在接通直流电源前，先将 R_W 的阻值调至最大，函数信号发生器输出旋钮旋至零，接通 +12V 电源、调节 R_W，使 $I_C = 2.0$mA（$U_E = 2.0$V），用直流电压表测量 U_B、U_E、U_C，用万用表测量 R_{B2}，将数据记录在表 17-1 中。

表 17-1

测　量　值				计　算　值		
U_B（V）	U_E（V）	U_C（V）	R_{B2}（kΩ）	U_{BE}（V）	U_{CE}（V）	I_C（mA）

（2）测量电压放大倍数

在放大器的输入端加入频率为 1kHz 的正弦信号 u_S，调节函数信号发生器的输出旋钮，使放大器的输入电压 $U_i \approx 10$mV，同时用双踪示波器观测放大器输出电压 u_o 的波形，在波形不失真的条件下，用交流毫伏表测量 u_o，并用双踪示波器观测 u_o 和 u_i 的相位关系，将数据记录在表 17-2 中。

表 17-2

R_C（kΩ）	R_L（kΩ）	u_o（V）	A_V	观测记录一组 u_o 和 u_i 波形
2.4	∞			
1.2	∞			
2.4	2.4			

（3）观测静态工作点对电压放大倍数的影响

置 $R_C = 2.4$kΩ，$R_L = \infty$，u_i 适量，调节 R_W，用双踪示波器观测输出电压的波形，在 u_o 不失真的条件下，测量 I_C 和 U_o，将数据记录在表 17-3 中。

表 17-3

I_C（mA）		2.0	
U_o（V）			
A_V			

测量 I_C 时，要先将函数信号发生器的输出旋钮旋至零（$U_i = 0$）。

（4）观测静态工作点对输出波形失真的影响

置 $R_C = 2.4$kΩ，$R_L = 2.4$kΩ，$u_i = 0$，调节 R_W 使 $I_C = 2.0$mA，测量 U_{CE}，逐步加大输入信号，使输出电压 u_o 足够大但不失真后，保持输入信号不变，分别增大和减小 R_W，使输出波形出现失真，绘出 u_o 的波形，测量在失真情况下的 I_C 和 U_{CE}，将数据记录在表 17-4 中。每次测量 I_C 和 U_{CE} 时都要将函数信号发生器的输出旋钮旋至零。

表 17-4

I_C（mA）	U_{CE}（V）	u_o 波形	失　真　情　况	放大器的工作状态

I_C（mA）	U_{CE}（V）	u_o 波形	失 真 情 况	放大器的工作状态
2.0		u_o		
		u_o		

（5）测量最大不失真输出电压

置 $R_C=2.4\text{k}\Omega$，$R_L=2.4\text{k}\Omega$，按照实验原理所述方法同时调节输入信号的幅度和 R_W，用双踪示波器和交流毫伏表测量 U_{oPP} 和 U_o，将数据记录在表 17-5 中。

表 17-5

I_C（mA）	U_i（mV）	U_o（V）	U_{oPP}（V）

（6）测量输入电阻和输出电阻

置 $R_C=2.4\text{k}\Omega$，$R_L=2.4\text{k}\Omega$，$I_C=2.0\text{mA}$，输入 $f=1\text{kHz}$ 的正弦信号，在输出电压 u_o 不失真的情况下，用交流毫伏表测量 U_S、U_i 和 U_L，并将数据记录在表 17-6 中。

保持 U_S 不变，断开 R_L，测量输出电压 U_o，将数据记录在表 17-6 中。

表 17-6

U_S（mV）	U_i（mV）	U_L（mV）	U_o（mV）	R_i（kΩ）		R_o（kΩ）	
				测量值	计算值	测量值	计算值

（7）测量幅频特性曲线

取 $I_C=2.0\text{mA}$，$R_C=2.4\text{k}\Omega$，$R_L=2.4\text{k}\Omega$，保持输入信号 u_i 的幅度不变，改变函数信号发生器的频率 f，逐点测出相应的输出电压 U_o，将数据记录在表 17-7 中。

表 17-7

f（kHz）		
U_o（V）		
$A_V=U_o/U_i$		

为了函数信号发生器频率 f 的取值合适，可先粗测一下，找出中频范围，再仔细读数。

5. 实验总结

（1）列表整理测量结果，并把实测的静态工作点、电压放大倍数、输入电阻、输出电阻与理论计算值进行比较（取一组数据进行比较），分析产生误差的原因。

（2）总结 R_C、R_L 及静态工作点对放大器电压放大倍数、输入电阻及输出电阻的影响。

（3）讨论静态工作点的变化对放大器输出波形的影响。

（4）分析讨论在调试过程中出现的问题。

6. 预习要求

（1）阅读教材中有关单管放大器的内容并估算实验电路的性能参数。

（2）阅读放大器干扰和自激振荡消除的内容。

（3）能否用直流电压表直接测量晶体管的 U_{BE}？为什么实验中要采用测量 U_B、U_E，再间接算出 U_{BE} 的方法？

（4）怎样测量 R_{B2}？

（5）当调节偏置电阻 R_{B2}，使放大器的输出波形出现饱和或截止失真时，晶体管的管压降 U_{CE} 怎样变化？

（6）改变静态工作点对放大器输入电阻 R_i 是否有影响？改变外接电阻 R_L 对输出电阻 R_o 是否有影响？

（7）在测量 A_V、R_i 及 R_o 时怎样选择输入信号的大小和频率？为什么信号频率一般选为 1kHz，而不选为 100kHz 或更高？

（8）在测量中，如果将函数信号发生器、交流毫伏表、双踪示波器中的任一仪器两个测量端的接线换位（各种电子仪器的接地端不再连接在一起），将会出现什么问题？

实验 18 负反馈放大器的研究与测量

1. 实验目的

加深理解放大器中引入负反馈的方法和负反馈对放大器各项性能指标的影响。

2. 实验原理

负反馈在电子电路中有着非常广泛的应用。虽然负反馈可使放大器的放大倍数降低，但能够在多方面改善放大器的动态性能，如稳定放大倍数，改变输入、输出电阻，减小非线性失真及展宽通频带等。因此，几乎在所有的实用放大器中都带有负反馈。

负反馈放大器有四种组态，即电压串联、电压并联、电流串联及电流并联。本实验以电压串联负反馈为例，分析负反馈对放大器各项性能的影响。

（1）图 18-1 为带有电压串联负反馈的两级阻容耦合放大器。图中，通过 R_f 把输出电压 U_o 引回到输入端，加在三极管 VT_1 的发射极上，在发射极电阻 R_{F1} 上形成反馈电压 U_f。

放大器的主要性能指标如下。

① 闭环电压放大倍数为

$$A_{Vf} = \frac{A_V}{1 + A_V F_V}$$

式中，$A_V = U_o / U_i$ 为基本放大器（无反馈）的电压放大倍数，即开环电压放大倍数；$1 + A_V F_V$ 为反馈深度，其大小可决定负反馈对放大器性能改善的程度。

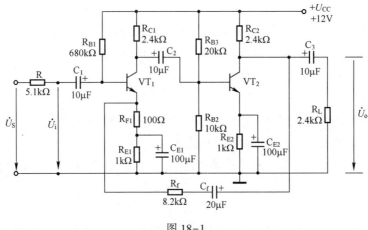

图 18-1

② 反馈系数为

$$F_V = \frac{R_{F1}}{R_f + R_{F1}}$$

③ 输入电阻为

$$R_{if} = (1 + A_V F_V) R_i$$

式中，R_i 为基本放大器的输入电阻。

④ 输出电阻为

$$R_{of} = \frac{R_o}{1 + A_{Vo} F_V}$$

式中，R_o 为基本放大器的输出电阻；A_{Vo} 为基本放大器在 $R_L = \infty$ 时的电压放大倍数。

（2）本实验还需要测量基本放大器的动态参数，怎样实现无反馈而得到基本放大器呢？不能简单地断开反馈支路，而是要去掉反馈作用，但又要把反馈网络的影响（负载效应）考虑到基本放大器中去。

① 在画基本放大器的输入回路时，因为是电压负反馈，所以可将负反馈放大器输出端的交流短路，即令 $u_o = 0$，此时，R_f 相当于并联在 R_{F1} 上。

② 在画基本放大器的输出回路时，由于输入端是串联负反馈，因此需将反馈放大器的输入端（VT_1 的射极）开路，此时 $R_f + R_{F1}$ 相当于并联在输出端，可近似认为 R_f 并联在输出端。

根据上述规律，就可得到所要求的基本放大器，如图 18-2 所示。

3. 实验设备与元器件

（1）+12V 直流电源。

（2）函数信号发生器。

（3）双踪示波器。

（4）频率计。

（5）交流毫伏表。

（6）直流电压表。

（7）晶体三极管 3DG6×2（$\beta = 50 \sim 100$）或 9011×2、电阻器、电容器若干。

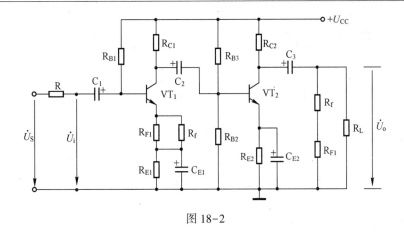

图 18-2

4. 实验内容

（1）测量静态工作点

按图 18-1 连接实验电路，取 $U_{CC} = +12V$，$U_i = 0$，用直流电压表分别测量第一级、第二级的静态工作点，将数据记录在表 18-1 中。

表 18-1

实验内容	U_B（V）	U_E（V）	U_C（V）	I_C（mA）
第一级				
第二级				

（2）测量基本放大器的各项性能参数

按图 18-2 改接实验电路，把 R_f 断开后，分别并联在 R_{F1} 和 R_L 上，其他连线不动。

① 测量中频电压放大倍数 A_V、输入电阻 R_i 和输出电阻 R_o。

a. 将 $f = 1kHz$，U_S 约为 5mV 的正弦信号输入放大器，用双踪示波器观测输出波形 u_o，在 u_o 不失真的情况下，用交流毫伏表测量 U_S、U_i、U_L，将数据记录在表 18-2 中。

表 18-2

基本放大器	U_S（mV）	U_i（mV）	U_L（V）	U_o（V）	A_V	R_i（kΩ）	R_o（kΩ）
负反馈放大器	U_S（mV）	U_i（mV）	U_L（V）	U_o（V）	A_{Vf}	R_{if}（kΩ）	R_{of}（kΩ）

b. 保持 U_S 不变，断开负载电阻 R_L（注意，R_f 不要断开），测量在空载时的输出电压 U_o，将数据记录在表 18-2 中。

② 测量通频带。

接上 R_L，保持①中的 U_S 不变，增加和减小输入信号的频率，找出上、下限频率 f_H 和 f_L，将数据记录在表 18-3 中。

表 18-3

基本放大器	f_L（kHz）	f_H（kHz）	Δf（kHz）
负反馈放大器	f_{Lf}（kHz）	f_{Hf}（kHz）	Δf_f（kHz）

（3）测量负反馈放大器的各项性能参数

将实验电路恢复为图 18-1 的负反馈放大电路，适当加大 U_S（约为 10mV），在输出波形不失真的条件下，测量负反馈放大器的 A_{Vf}、R_{if} 和 R_{of}，将数据记录在表 18-2 中；测量 f_{Hf} 和 f_{Lf}，将数据记录在表 18-3 中。

（4）观测负反馈对非线性失真的改善

① 将实验电路改接为基本放大器的形式，在输入端加入 $f=1kHz$ 的正弦信号，在输出端接双踪示波器，逐渐增大输入信号的幅度，使输出波形开始出现失真，记下此时的波形和输出电压的幅度。

② 再将实验电路改接为负反馈放大器的形式，增大输入信号幅度，使输出电压幅度的大小与①相同，比较有负反馈时的输出波形变化。

5. 实验总结

（1）将基本放大器和负反馈放大器动态参数的实测值和理论估算值列表并进行比较。

（2）根据实验结果，总结电压串联负反馈对放大器性能的影响。

6. 预习要求

（1）按实验电路图 18-1 估算放大器的静态工作点（取 $\beta_1 = \beta_2 = 100$）。

（2）怎样把负反馈放大器改接为基本放大器？为什么要把 Rf 并接在输入端和输出端？

（3）估算基本放大器的 A_V、R_i 和 R_o，估算负反馈放大器的 A_{Vf}、R_{if} 和 R_{of}，并验算它们之间的关系。

（4）如按深度负反馈估算，则闭环电压放大倍数 A_{Vf}=？与测量值是否一致？为什么？

（5）如输入信号存在失真，则能否用负反馈来改善？

（6）怎样判断放大器是否存在自激振荡？如何进行消振？

实验 19　射极跟随器的分析与测量

1. 实验目的

（1）掌握射极跟随器的特性和测量方法。

（2）进一步学习射极跟随器各项参数的测量方法。

2. 实验原理

射极跟随器的原理图如图 19-1 所示。它是一个电压串联负反馈放大电路，具有输入电阻高、输出电阻低、电压放大倍数接近于 1、输出电压能够在较大范围内跟随输入电压进行线性变化及输入、输出信号同相等特点。

射极跟随器的输出取自发射极，故也称其为射极输出器。

（1）输入电阻 R_i

根据图 19-1 有

$$R_i = r_{be} + (1+\beta) R_E$$

如考虑偏置电阻 R_B 和负载 R_L 的影响，则

$$R_i = R_B \mathbin{/\!/} [r_{be} + (1+\beta)(R_E \mathbin{/\!/} R_L)]$$

由此可知，射极跟随器的输入电阻 R_i 比共射极单管放大器的输入电阻 $R_i = R_B \mathbin{/\!/} r_{be}$ 要高得多，由于偏置电阻 R_B 的分流作用，因此输入电阻难以进一步提高。

输入电阻的测量方法与单管放大器相同，实验电路如图 19-2 所示。

$$R_i = \frac{U_i}{I_i} = \frac{U_i}{U_S - U_i} R$$

只要测量 A、B 两点的对地电压，即可计算出 R_i。

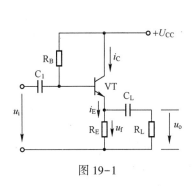

图 19-1

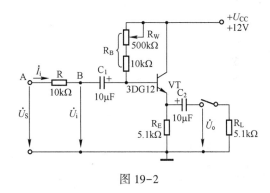

图 19-2

（2）输出电阻 R_o

根据图 19-1 有

$$R_o = \frac{r_{be}}{\beta} \mathbin{/\!/} R_E \approx \frac{r_{be}}{\beta}$$

如考虑信号源内阻 R_S，则

$$R_o = \frac{r_{be} + (R_S \mathbin{/\!/} R_B)}{\beta} \mathbin{/\!/} R_E \approx \frac{r_{be} + (R_S \mathbin{/\!/} R_B)}{\beta}$$

由此可知，射极跟随器的输出电阻 R_o 比共射极单管放大器的输出电阻 $R_o \approx R_C$ 低得多。三极管的 β 愈高，输出电阻愈小。

输出电阻 R_o 的测量方法与单管放大器相同，即先测量空载输出电压 U_o，再测量接入负载 R_L 后的输出电压 U_L，根据

$$U_L = \frac{R_L}{R_o + R_L} U_o$$

可求出

$$R_o = \left(\frac{U_o}{U_L} - 1 \right) R_L$$

（3）电压放大倍数

根据图 19-1 有

$$A_V = \frac{(1+\beta)(R_E /\!/ R_L)}{r_{be} + (1+\beta)(R_E /\!/ R_L)} \leqslant 1$$

射极跟随器的电压放大倍数小于等于 1，且为正值。这是深度电压负反馈的结果，射极电流比基极电流大 $(1+\beta)$ 倍，具有一定的电流和功率放大作用。

（4）电压跟随范围

电压跟随范围是射极跟随器输出电压 u_o 跟随输入电压 u_i 做线性变化的区域。当 u_i 超过一定范围时，u_o 便不能跟随 u_i 做线性变化，即 u_o 波形产生了失真。为了使输出电压 u_o 的正、负半周对称，并充分利用电压跟随范围，静态工作点应选在交流负载线的中点，在测量时，可直接用双踪示波器读取 u_o 的峰—峰值，即电压跟随范围，或者用交流毫伏表读取 u_o 的有效值，则电压跟随范围 $U_{oP-P} = 2\sqrt{2} U_o$。

3. 实验设备与元器件

（1）+12V 直流电源。

（2）函数信号发生器。

（3）双踪示波器。

（4）交流毫伏表。

（5）直流电压表。

（6）频率计。

（7）三极管 3DG12×1（$\beta = 50 \sim 100$）或 9013、电阻器、电容器若干。

4. 实验内容

按图 19-2 连接电路。

（1）静态工作点的调整

接通+12V 直流电源，在 B 点加入 $f = 1\text{kHz}$ 的正弦信号 u_i，输出端用双踪示波器观测输出波形，反复调整 R_W 及函数信号发生器的输出幅度，使双踪示波器的屏幕显示一个最大不失真输出波形，然后置 $u_i = 0V$，用直流电压表测量三极管各电极的对地电压，将测量的数据记录在表 19-1 中。

表 19-1

U_E（V）	U_B（V）	U_C（V）	I_E（mA）

在整个测量过程中应保持 R_W 不变，即保持静态工作点 I_E 不变。

（2）测量电压放大倍数 A_V

接入负载 $R_L = 1\text{k}\Omega$，在 B 点加入 $f = 1\text{kHz}$ 的正弦信号 u_i，调节输入信号的幅度，用双踪示波器观测输出波形 u_o，在输出最大不失真的情况下，用交流毫伏表测量 U_i、U_L，将测量的数据记录在表 19-2 中。

表 19-2

U_i（V）	U_L（V）	A_V

（3）测量输出电阻 R_o

接上负载 $R_L = 1\text{k}\Omega$，在 B 点加入 $f = 1\text{kHz}$ 的正弦信号 u_i，用双踪示波器观测输出波形，测量空载时的输出电压 U_o、有负载时的输出电压 U_L，将测量的数据记录在表 19-3 中。

表 19-3

U_o（V）	U_L（V）	R_o（kΩ）

（4）测量输入电阻 R_i

在 A 点加入 $f = 1\text{kHz}$ 的正弦信号 u_s，用双踪示波器观测输出波形，用交流毫伏表分别测量 A、B 两点的对地电压 U_S、U_i，将测量的数据记录在表 19-4 中。

表 19-4

U_S（V）	U_i（V）	R_i（kΩ）

（5）测量跟随特性

接入负载 $R_L = 1\text{k}\Omega$，在 B 点加入 $f = 1\text{kHz}$ 的正弦信号 u_i，逐渐增大信号 u_i 的幅度，用双踪示波器观测输出波形，直至输出波形达到最大不失真，测量对应的 U_L，将测量的数据记录在表 19-5 中。

表 19-5

U_i（V）						
U_L（V）						

（6）测量频率响应特性

保持输入信号 u_i 的幅度不变，改变函数信号发生器的频率，用双踪示波器观测输出波形，用交流毫伏表测量在不同频率下的输出电压 U_L，将测量的数据记录在表 19-6 中。

表 19-6

f（kHz）						
U_L（V）						

5. 预习要求

根据如图 19-2 所示的元器件参数估算静态工作点，并画出交、直流负载线。

6. 实验报告

（1）整理实验数据后，画出 $U_L = f(U_i)$ 和 $U_L = f(f)$ 的曲线。

（2）分析射极跟随器的性能和特点。

实验 20 差动放大器的分析与测量

1. 实验目的

（1）加深对差动放大器性能和特点的理解。

（2）学习差动放大器主要性能参数的测量方法。

2. 实验原理

图 20-1 是差动放大器的基本结构。它由两个元器件参数相同的基本共射放大电路组成，当开关 K 拨向左边时，即可构成典型的差动放大器。调零电位器 R_P 用来调节 VT_1、VT_2 的静态工作点，使输入信号 $U_i = 0$，双端输出电压 $U_o = 0$。R_E 为 VT_1、VT_2 共用的发射极电阻，对差模信号无负反馈作用，不影响差模电压的放大倍数，但对共模信号有较强的负反馈作用，可以有效抑制零漂，稳定静态工作点。

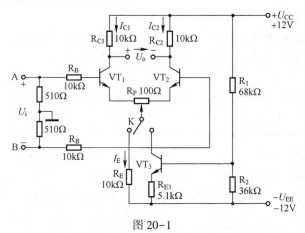

图 20-1

当开关 K 拨向右边时，即可构成具有恒流源的差动放大器，用三极管的恒流源代替发射极电阻 R_E，可以进一步提高差动放大器抑制共模信号的能力。

（1）静态工作点的估算

典型电路有

$$I_E \approx \frac{|U_{EE}| - U_{BE}}{R_E} \ (认为 \ U_{B1} = U_{B2} \approx 0), \ I_{C1} = I_{C2} = \frac{1}{2}I_E$$

恒流源电路有

$$I_{C3} \approx I_{E3} \approx \frac{\dfrac{R_2}{R_1 + R_2}(U_{CC} + |U_{EE}|) - U_{BE}}{R_{E3}}, \ I_{C1} = I_{C2} = \frac{1}{2}I_{C3}$$

（2）差模电压放大倍数和共模电压放大倍数

当差动放大器的射极电阻 R_E 足够大或采用恒流源电路时，差模电压放大倍数 A_d 由输出方式决定，与输入方式无关。

双端输出：$R_E = \infty$，R_P 在中心位置时有

$$A_d = \frac{\Delta U_o}{\Delta U_i} = -\frac{\beta R_C}{R_B + r_{be} + \dfrac{1}{2}(1+\beta)R_P}$$

单端输出有

$$A_{d1} = \frac{\Delta U_{C1}}{\Delta U_i} = \frac{1}{2}A_d$$

$$A_{d2} = \frac{\Delta U_{C2}}{\Delta U_i} = -\frac{1}{2}A_d$$

当输入共模信号时，若为单端输出，则有

$$A_{C1} = A_{C2} = \frac{\Delta U_{C1}}{\Delta U_i} = \frac{-\beta R_C}{R_B + r_{be} + (1+\beta)\left(\frac{1}{2}R_P + 2R_E\right)} \approx -\frac{R_C}{2R_E}$$

若为双端输出，在理想情况下，则有

$$A_C = \frac{\Delta U_o}{\Delta U_1} = 0$$

实际上，由于元器件不可能完全对称，因此 A_C 也不会绝对等于零。

（3）共模抑制比 CMRR

为了表征差动放大器对有用信号（差模信号）的放大作用和对共模信号的抑制能力，通常用一个综合指标来衡量，即共模抑制比。

$$CMRR = \left|\frac{A_d}{A_C}\right| \quad 或 \quad CMRR = 20\log\left|\frac{A_d}{A_C}\right| (dB)$$

差动放大器的输入信号可采用直流信号也可采用交流信号。本实验由函数信号发生器提供频率 $f = 1kHz$ 的正弦信号作为输入信号。

3. 实验设备与元器件

（1）±12V 直流电源。

（2）函数信号发生器。

（3）双踪示波器。

（4）交流毫伏表。

（5）直流电压表。

（6）三极管 3DG6×3（要求 VT_1、VT_2 的特性参数一致）或 9011×3、电阻器、电容器若干。

4. 实验内容

（1）典型差动放大器的性能测量

按图 20-1 连接实验电路，将开关 K 拨向左边构成典型差动放大器。

① 测量静态工作点。

a. 调节放大器的零点。

不接入信号源，将放大器输入端的 A、B 与地短接，接通 ±12V 直流电源，用直流电压表测量输出电压 U_o，调节调零电位器 R_P，使 $U_o = 0$，调节时要仔细，力求准确。

b. 测量静态工作点。

零点调好以后，用直流电压表测量 VT_1、VT_2 各电极电压及射极电阻 R_E 的两端电压 U_{R_E}，将数据记录在表 20-1 中。

表 20-1

	U_{C1}（V）	U_{B1}（V）	U_{E1}（V）	U_{C2}（V）	U_{B2}（V）	U_{E2}（V）	U_{R_E}（V）
测量值							
计算值	I_C（mA）			I_B（mA）			U_{CE}（V）

② 测量差模电压放大倍数。

断开直流电源，将函数信号发生器的输出端接放大器的输入端 A，地端接放大器的输入端 B，构成单端输入方式，调节输入信号为 $f=1\text{kHz}$ 的正弦信号，并将输出旋钮旋至零，用双踪示波器观测输出端（集电极 C_1 或 C_2 与地之间）的波形。

接通 ±12V 直流电源，逐渐增大输入电压 U_i（约为 100mV），在输出波形无失真的情况下，用交流毫伏表测量 U_i、U_{C1}、U_{C2}，将数据记录在表 20-2 中，并观测 U_i、U_{C1}、U_{C2} 之间的相位关系及 U_{R_E} 随 U_i 改变而变化的情况。

③ 测量共模电压放大倍数。

将放大器的 A、B 两端短接，函数信号发生器接在 A 端与地之间，构成共模输入方式，调节输入信号 $f=1\text{kHz}$，$U_i=1\text{V}$，在输出电压无失真的情况下，测量 U_{C1}、U_{C2}，将数据记录在表 20-2 中，并观测 U_i、U_{C1}、U_{C2} 之间的相位关系及 U_{R_E} 随 U_i 改变而变化的情况。

表 20-2

实验内容	典型差动放大电路		具有恒流源的差动放大电路	
	单端输入	共模输入	单端输入	共模输入
U_i	100mV	1V	100mV	1V
U_{C1}（V）				
U_{C2}（V）				
$A_{d1}=\dfrac{U_{C1}}{U_i}$		/		/
$A_d=\dfrac{U_o}{U_i}$		/		/
$A_{C1}=\dfrac{U_{C1}}{U_i}$	/		/	
$A_C=\dfrac{U_o}{U_i}$	/		/	
$\text{CMRR}=\left\lvert\dfrac{A_{d1}}{A_{C1}}\right\rvert$				

（2）具有恒流源差动放大电路的性能测量

将图 20-1 电路中的开关 K 拨向右边，构成具有恒流源的差动放大电路，重复①~③的操作，将数据记录在表 20-2 中。

5. 实验总结

（1）整理实验数据，列表比较实验结果和理论估算值，分析误差原因。

① 静态工作点和差模电压放大倍数。

② 典型差动放大电路单端输出时的 CMRR 实测值与理论值的比较。

③ 典型差动放大电路单端输出时的 CMRR 实测值与具有恒流源的差动放大器 CMRR 实测值的比较。

（2）比较 U_i、U_{C1} 和 U_{C2} 之间的相位关系。

（3）根据实验结果总结电阻 R_E 与恒流源的作用。

6. 预习要求

（1）根据实验电路参数，估算典型差动放大器和具有恒流源的差动放大器的静态工作点及差模电压放大倍数（取 $\beta_1 = \beta_2 = 100$）。

（2）测量静态工作点时，放大器输入端 A、B 与地应如何连接？

（3）在实验中，怎样获得双端和单端输入差模信号？怎样获得共模信号？画出 A、B 两端与函数信号发生器之间的连接图。

（4）怎样进行静态调零？用什么仪表测量 U_o？

（5）怎样用交流毫伏表测量双端输出电压 U_o？

实验 21　集成运算放大器的基本应用——模拟运算电路

1. 实验目的

（1）研究由集成运算放大器组成的比例、加法、减法及积分等模拟运算电路的功能。

（2）了解运算放大器在实际应用时应考虑的一些问题。

2. 实验原理

集成运算放大器是一种具有高电压放大倍数的直接耦合多级放大电路，当由外部接入的不同线性或非线性元器件组成输入和负反馈电路时，可以灵活地实现各种特定的函数关系，在线性应用方面，可以组成比例、加法、减法、积分、微分及对数等模拟运算电路。

（1）理想运算放大器的特性

在大多数情况下，运算放大器被视为理想运算放大器，将运算放大器的各项技术指标理想化，满足下列条件时的运算放大器被称为理想运算放大器，即

① 开环电压增益：$A_{ud} = \infty$；

② 输入阻抗：$r_i = \infty$；

③ 输出阻抗：$r_o = 0$；

④ 带宽：$f_{BW} = \infty$；

⑤ 失调和漂移均为零。

理想运算放大器在线性应用时的两个重要特性如下。

① 输出电压 U_o 与输入电压之间满足

$$U_o = A_{ud}(U_+ - U_-)$$

由于 $A_{ud} = \infty$，U_o 为有限值，因此 $U_+ - U_- \approx 0$，即 $U_+ \approx U_-$，被称为"虚短"。

② 由于 $r_i = \infty$，故流进运算放大器两个输入端的电流可视为零，即 $I_+ = I_- = 0$，被称为"虚断"。这说明，运算放大器对前级吸取的电流极小。

上述两个特性是分析理想运算放大器应用的基本原则，可简化运算放大器的计算。

（2）模拟运算电路

① 反相比例运算电路。

反相比例运算电路如图 21-1 所示。对于理想运算放大器，该电路的输出电压与输入电压之间的关系为

$$U_o = -\frac{R_F}{R_1}U_i$$

为了减小由输入级偏置电流引起的运算误差，在同相输入端应接入平衡电阻 $R_2 = R_1 /\!/ R_F$。

② 反相加法运算电路。

反相加法运算电路如图 21-2 所示。输出电压与输入电压之间的关系为

$$U_o = -\left(\frac{R_F}{R_1}U_{i1} + \frac{R_F}{R_2}U_{i2}\right), \quad R_3 = R_1 /\!/ R_2 /\!/ R_F$$

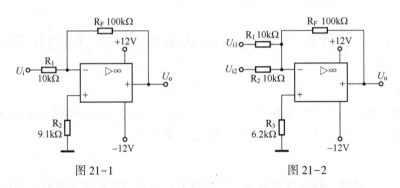

图 21-1   图 21-2

③ 同相比例运算电路。

图 21-3（a）为同相比例运算电路。输出电压与输入电压之间的关系为

$$U_o = \left(1 + \frac{R_F}{R_1}\right)U_i, \quad R_2 = R_1 /\!/ R_F$$

当 $R_1 \to \infty$ 时，$U_o = U_i$，即可得到如图 21-3（b）所示的电压跟随器。图中，$R_2 = R_F$，用来减小漂移并起保护作用。一般 $R_F = 10\text{k}\Omega$，R_F 太小起不到保护作用，太大则影响跟随性。

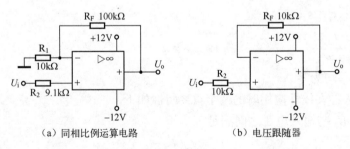

（a）同相比例运算电路   （b）电压跟随器

图 21-3

④ 减法运算电路。

图 21-4 为减法运算电路，当 $R_1 = R_2$，$R_3 = R_F$ 时，有

$$U_o = \frac{R_F}{R_1}(U_{i2} - U_{i1})$$

⑤ 积分运算电路。

积分运算电路如图 21-5 所示。在理想化条件下，输出电压 u_o 为

$$u_o(t) = -\frac{1}{R_1C}\int_0^t u_i \mathrm{d}t + u_C(0)$$

式中，$u_C(0)$ 为 $t=0$ 时刻电容 C 两端的电压值，即初始值。

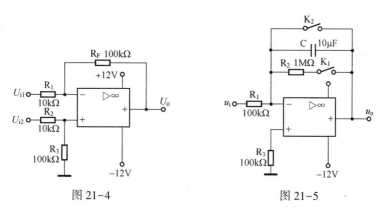

图 21-4   图 21-5

如果 $u_i(t)$ 是幅值为 E 的阶跃电压，并设 $u_C(0)=0$，则

$$u_o(t) = -\frac{1}{R_1C}\int_0^t E\mathrm{d}t = -\frac{E}{R_1C}t$$

即输出电压 $u_o(t)$ 随时间的增长而线性下降。显然，RC 的数值越大，达到给定 U_o 所需的时间就越长。积分输出电压所能达到的最大值受集成运算放大器最大输出范围的限制。

在积分运算前，首先应对运算放大器调零。为了便于调节，将图 21-5 中的 K_1 闭合，即通过电阻 R_2 的负反馈实现调零。在完成调零后，应将 K_1 打开，以免因 R_2 的接入造成积分误差。K_2 的设置一方面可为积分电容放电提供通路，实现积分电容初始电压 $u_C(0)=0$；另一方面可以控制积分的起始点，即在加入信号 u_i 后，只要 K_2 被打开，电容就进行恒流充电，电路开始进行积分运算。

3. 实验设备与元器件

（1）±12V 直流电源。

（2）函数信号发生器。

（3）直流信号发生器。

（4）交流毫伏表。

（5）直流电压表。

（6）集成运算放大器 μA741×1、电阻器、电容器若干。

4. 实验内容

在实验前，要先看清集成运算放大器组件各管脚的位置，切忌将正、负电源的极性接反和输出端短路，否则将会损坏集成运算放大器。

（1）反相比例运算电路

① 按图 21-1 连接实验电路，接通±12V 电源。

② 输入 $f=100\mathrm{Hz}$、$U_i=0.5\mathrm{V}$ 的正弦交流信号，测量相应的 U_o，并用双踪示波器观测 u_o 和 u_i 的相位关系，将数据记录在表 21-1 中。

表 21-1

U_i (V)	U_o (V)	u_i 波形	u_o 波形	A_V	
				实测值	计算值
		u_i 波形图	u_o 波形图		

（2）同相比例运算电路

① 按图 21-3（a）连接实验电路，实验内容同（1），将数据记录在表 21-2 中。

表 21-2

U_i (V)	U_o (V)	u_i 波形	u_o 波形	A_V	
				实测值	计算值
		u_i 波形图	u_o 波形图		

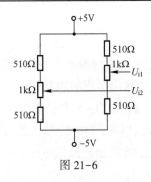

图 21-6

② 将图 21-3（a）中的 R_1 断开后，得到图 21-3（b）电路，重复①的操作。

（3）反相加法运算电路

① 按图 21-2 连接实验电路。

② 输入信号采用直流信号，图 21-6 为简易可调直流信号源，由实验者自行完成。

在实验时，要注意选择合适的直流信号幅度，确保集成运算放大器工作在线性区。用直流电压表测量输入电压 U_{i1}、U_{i2} 及输出电压 U_o，将数据记录在表 21-3 中。

表 21-3

U_{i1} (V)				
U_{i2} (V)				
U_o (V)				

（4）减法运算电路

① 按图 21-4 连接实验电路，进行调零和消振操作。

② 输入信号采用直流输入信号，实验内容同（3），将数据记录在表 21-4 中。

表 21-4

U_{i1} (V)				
U_{i2} (V)				
U_o (V)				

（5）积分运算电路

按图 21-5 连接实验电路。

① 打开 K_2，闭合 K_1，对运算放大电路的输出进行调零操作。

② 调零完成后，再打开 K_1，闭合 K_2，使 $u_C(0) = 0$。

③ 预先调好直流输入电压 $U_i = 0.5V$，接入实验电路后，再打开 K_2，用直流电压表测量输出电压 U_o，每隔 5s 记录一次 U_o，将数据记录在表 21-5 中，直到 U_o 不继续明显增大为止。

表 21-5

t（s）	0	5	10	15	20	25	30	……
U_o（V）								

5. 实验总结

（1）整理实验数据，画出波形图（注意波形间的相位关系）。

（2）将理论计算结果与实测数据相比较，分析产生误差的原因。

（3）分析讨论实验中出现的现象和问题。

6. 预习要求

（1）复习集成运算放大器线性应用部分的内容，并根据实验电路参数计算各电路输出电压的理论值。

（2）在反相加法器中，如 U_{i1} 和 U_{i2} 均采用直流信号，并选定 $U_{i2} = -1V$，则当考虑运算放大器的最大输出幅度（±12V）时，$|U_{i1}|$ 的大小不应超过多少？

（3）为了不损坏集成运算放大器，实验中应注意什么问题？

实验 22　集成运算放大器的基本应用——有源滤波器

1. 实验目的

（1）熟悉采用集成运算放大器、电阻及电容组成有源低通滤波器、有源高通滤波器及带通、带阻滤波器。

（2）学会测量有源滤波器的幅频特性。

2. 实验原理

由电阻、电容及集成运算放大器组成的滤波器被称为 RC 有源滤波器。其功能是让一定频率范围内的信号通过，抑制或急剧衰减此频率范围以外的信号，可用在信息处理、数据传输及抑制干扰等方面，但因受集成运算放大器频带的限制，所以这类滤波器主要用于低频范围，根据对频率范围的选择不同，可分为低通（LPF）、高通（HPF）、带通（BPF）及带阻（BEF）等四种滤波器。它们的幅频特性如图 22-1 所示。

具有理想幅频特性的滤波器是很难实现的，只能用实际的幅频特性去逼近理想的幅频特性。一般来说，滤波器的幅频特性越好，相频特性越差；反之亦然。滤波器的阶数越高，幅频特性衰减的速率越快。RC 网络的节数越多，元器件参数的计算越繁琐，电路调试越困难。任何高阶滤波器均可以用较低的二阶 RC 有源滤波器通过级联实现。

（1）低通滤波器（LPF）

低通滤波器用于衰减低频信号或抑制高频信号。

图 22-2（a）为二阶低通滤波器的电路图。它由两级 RC 滤波环节与同相比例运算电路组成。其中，第一级电容 C 接至输出端，用于引入适量的正反馈，改善幅频特性。

图 22-2（b）为二阶低通滤波器的幅频特性曲线。

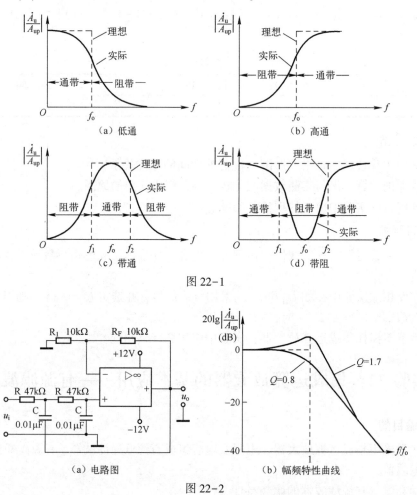

图 22-1

图 22-2

二阶低通滤波器的性能参数如下。

二阶低通滤波器的通带增益为

$$A_{up} = 1 + \frac{R_F}{R_1}$$

截止频率是二阶低通滤波器通带与阻带的界限频率，即

$$f_o = \frac{1}{2\pi RC}$$

品质因数的大小可影响低通滤波器在截止频率处幅频特性的形状，即

$$Q = \frac{1}{3 - A_{up}}$$

（2）高通滤波器（HPF）

与低通滤波器相反，高通滤波器用于衰减高频信号或抑制低频信号。

只要将图 22-2 低通滤波器中起滤波作用的电阻、电容互换，即可变成二阶高通滤波器，电路图如图 22-3（a）所示。高通滤波器的性能与低通滤波器相反。其频率响应与低通滤波器是"镜像"关系，仿照 LPF 的分析方法不难求得 HPF 的幅频特性。

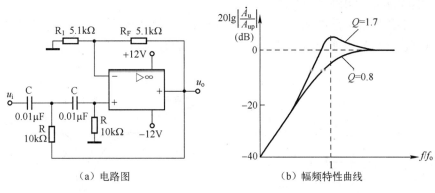

（a）电路图　　　　　　（b）幅频特性曲线

图 22-3

二阶高通滤波器的性能参数 A_{up}、f_o、Q 的定义与二阶低通滤波器相同。

图 22-3（b）为二阶高通滤波器的幅频特性曲线。可见，它与二阶低通滤波器的幅频特性曲线有"镜像"关系。

（3）带通滤波器（BPF）

带通滤波器的作用是只允许在某一个通频带范围内的信号通过，衰减或抑制比通频带下限频率低、比上限频率高的信号。

典型的带通滤波器可以通过将二阶低通滤波器中的一级改为高通滤波器获得，如图 22-4（a）所示。

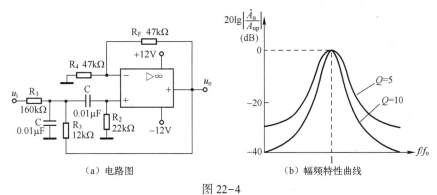

（a）电路图　　　　　　（b）幅频特性曲线

图 22-4

二阶带通滤波器的性能参数如下。

通带宽度：$B = \dfrac{1}{C}\left(\dfrac{1}{R_1} + \dfrac{2}{R_2} - \dfrac{R_F}{R_3 R_4}\right)$

通带增益：$A_{up} = \dfrac{R_4 + R_F}{R_4 R_1 CB}$

中心频率：$f_o = \dfrac{1}{2\pi}\sqrt{\dfrac{1}{R_2 C^2}\left(\dfrac{1}{R_1} + \dfrac{1}{R_3}\right)}$

选择性：$Q=\dfrac{\omega_{\circ}}{B}$

二阶带通滤波器的优点是改变 R_F/R_4 就可以改变频宽，不影响中心频率。

（4）带阻滤波器（BEF）

二阶带阻滤波器的电路图如图 22-5（a）所示。这种电路的性能和带通滤波器相反，即在规定的频带内，信号不能通过（或受到很大的衰减和抑制），在其余的频率范围内，信号能顺利通过。

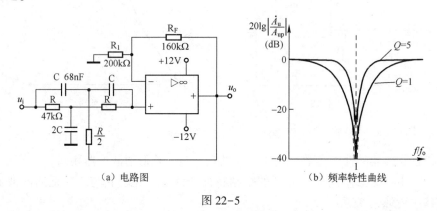

（a）电路图　　　　　　　　　（b）频率特性曲线

图 22-5

在双 T 网络后加一级同相比例运算放大电路就可以构成基本的二阶带阻滤波器。

二阶带阻滤波器的性能参数如下。

通带增益：$A_{up}=1+\dfrac{R_F}{R_1}$

中心频率：$f_{\circ}=\dfrac{1}{2\pi RC}$

带阻宽度：$B=2(2-A_{up})f_{\circ}$

选择性：$Q=\dfrac{1}{2(2-A_{up})}$

3. 实验设备与元器件

（1）±12V 直流电源。

（2）函数信号发生器。

（3）双踪示波器。

（4）交流毫伏表。

（5）频率计。

（6）集成运算放大器 μA741×1、电阻器、电容器若干。

4. 实验内容

（1）二阶低通滤波器

实验电路见图 22-2（a）。

① 粗测：接通±12V 电源。u_i 接函数信号发生器，令输出 $U_i=1V$ 的正弦波信号，在滤波器的截止频率附近改变输入信号的频率，用双踪示波器或交流毫伏表观测输出电压幅度的

变化是否具备低通特性，如不具备，应排除电路故障。

② 在输出波形不失真的条件下，选取适当幅度的正弦输入信号，在维持输入信号幅度不变的情况下，逐点改变输入信号的频率测量输出电压，将数据记录在表 22-1 中，并描绘幅频特性曲线。

表 22-1

f（Hz）						
U_o（V）						

（2）二阶高通滤波器

实验电路见图 22-3（a）。

① 粗测：输入 $U_i = 1V$ 的正弦波信号，在滤波器的截止频率附近改变输入信号的频率，观测电路是否具备高通特性。

② 测绘高通滤波器的幅频特性曲线，将数据记录在表 22-2 中。

表 22-2

f（Hz）						
U_o（V）						

（3）带通滤波器

实验电路见图 22-4（a），测量幅频特性，将数据记录在表 22-3 中。

① 实测电路的中心频率 f_o。

② 以实测中心频率为中心测绘电路的幅频特性。

表 22-3

f（Hz）						
U_o（V）						

（4）带阻滤波器

实验电路见图 22-5（a）。

① 实测电路的中心频率 f_o。

② 测绘电路的幅频特性，将数据记录在表 22-4 中。

表 22-4

f（Hz）						
U_o（V）						

5. 实验总结

（1）整理实验数据，画出各电路实测的幅频特性。

（2）根据实验曲线，计算截止频率、中心频率、带宽及品质因数。

（3）总结有源滤波器的特性。

6. 预习要求

（1）复习教材有关滤波器的内容。

（2）分析图 22-2、图 22-3、图 22-4、图 22-5 所示电路，写出它们的增益特性表达式。

（3）计算图 22-2、图 22-3 的截止频率，图 22-4、图 22-5 的中心频率。

（4）画出上述四种电路的幅频特性曲线。

实验 23　集成运算放大器的基本应用——电压比较器

1. 实验目的

（1）掌握电压比较器的电路构成和特点。

（2）学会测量电压比较器的方法。

2. 实验原理

电压比较器是集成运算放大器（简称运放）非线性应用电路。它将一个模拟量信号电压与一个参考电压相比较，在二者幅度相等的附近，输出电压将产生跃变，输出高电平或低电平。电压比较器可以组成非正弦波形变换电路，应用在模拟和数字信号转换电路中。

（1）电压比较器

图 23-1 为电压比较器的电路图和传输特性。图中，U_R 为参考电压，加在集成运放的同相输入端，输入电压 u_i 加在反相输入端。

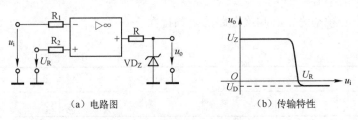

| （a）电路图 | （b）传输特性 |

图 23-1

当 $u_i < U_R$ 时，集成运放输出高电平，稳压管 VD_Z 反向稳压工作，输出端电位被钳位在稳压管的稳定电压 U_Z，即 $u_o = U_Z$

当 $u_i > U_R$ 时，集成运放输出低电平，VD_Z 正向导通，输出电压等于稳压管的正向压降 U_D，即 $u_o = -U_D$

以 U_R 为界，当输入电压 u_i 变化时，输出端反映出两种状态：高电位和低电位。

表示输出电压与输入电压之间关系的特性曲线被称为传输特性。图 23-1（b）为电压比较器的传输特性。

常用的电压比较器有过零比较器、具有滞回特性的过零比较器及双限比较器（又称窗口比较器）等。

（2）过零比较器

图 23-2 为加限幅电路的过零比较器。VD_Z 为限幅稳压管。信号从集成运放的反相输入

端输入，参考电压为零。当 $U_i > 0$ 时，输出 $U_o = -(U_Z + U_D)$；当 $U_i < 0$ 时，$U_o = +(U_Z + U_D)$。电压传输特性如图 23-2（b）所示。

过零比较器结构简单，灵敏度高，但抗干扰能力差。

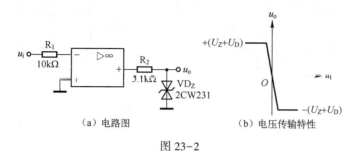

(a) 电路图 (b) 电压传输特性

图 23-2

（3）滞回过零比较器

图 23-3 为具有滞回特性的过零比较器。

过零比较器在实际工作时，如果 u_i 恰好在过零值附近，则由于零点漂移的存在，u_o 将不断由一个极限值转换到另一个极限值，在控制系统中，对执行机构将是很不利的。为此，需要输出特性具有滞回现象，如图 23-3 所示，从输出端引一个电阻分压正反馈支路到同相输入端，若 u_o 改变状态，则 Σ 点也随着改变，使过零点离开原来的位置。当 u_o 为正（记作 U_+）时，则 $U_\Sigma = \dfrac{R_2}{R_F + R_2} U_+$；当 $u_i > U_\Sigma$ 时，u_o 由正变负（记作 U_-），此时 U_Σ 变为 $-U_\Sigma$。所以，只有当 u_i 下降到 $-U_\Sigma$ 以下时才能使 u_o 再回升到 U_+，于是出现如图 23-3（b）所示的滞回特性。

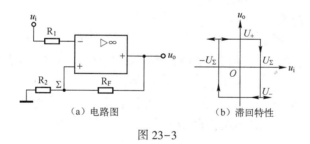

(a) 电路图 (b) 滞回特性

图 23-3

$-U_\Sigma$ 与 U_Σ 的差被称为回差。改变 R_2 的数值可以改变回差的大小。

（4）窗口（双限）比较器

简单的比较器仅能鉴别输入电压 u_i 相比参考电压 U_R 高或低的情况。窗口比较电路是由两个简单比较器组成的，如图 23-4 所示。它能指示出 u_i 是否处于 U_R^+ 和 U_R^- 之间。如果 $U_R^- < U_i < U_R^+$，则窗口比较器的输出电压 U_o 等于运放的正饱和输出电压（$+U_{omax}$）。如果 $U_i < U_R^-$ 或 $U_i > U_R^+$，则输出电压 U_o 等于运放的负饱和输出电压（$-U_{omax}$）。

3. 实验设备与元器件

（1）±12V 直流电源。

（2）函数信号发生器。

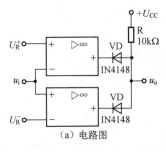
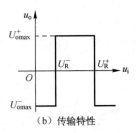

（a）电路图　　　　　　（b）传输特性

图 23-4

（3）双踪示波器。

（4）直流电压表。

（5）交流毫伏表。

（6）运算放大器 μA741×2。

（7）稳压管 2CW231×1。

（8）二极管 4148×2、电阻器等。

4. 实验内容

（1）过零比较器

实验电路见图 23-2。

① 接通±12V 电源。

② 测量 u_i 悬空时的 U_o。

③ u_i 输入 500Hz、幅值为 2V 的正弦信号，观测 $u_i \to u_o$ 的波形并记录。

④ 改变 u_i 的幅值，测量传输特性。

（2）反相滞回比较器

实验电路如图 23-5 所示

① 按图接线，u_i 接+5V 可调直流电源，测出 u_o 由+$U_{omax} \to -U_{omax}$ 时 u_i 的临界值。

② 同上，测出 u_o 由-$U_{omax} \to +U_{omax}$ 时 u_i 的临界值。

③ u_i 接 500Hz、幅值为 2V 的正弦信号，观察并记录 $u_i \to u_o$ 波形。

④ 将分压支路 100kΩ 电阻改为 200kΩ，重复上述实验，测量传输特性。

（3）同相滞回比较器

实验线路如图 23-6 所示。

① 参照（2），自拟实验步骤和方法。

② 将结果与（2）进行比较。

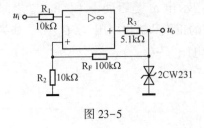
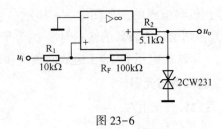

图 23-5　　　　　　　　　　　图 23-6

（4）窗口比较器

参照图 23-4 自拟实验步骤和方法，测量传输特性。

5. 实验总结

（1）整理实验数据，绘制各类比较器的传输特性。

（2）总结几种比较器的特点，阐明它们的应用。

6. 预习要求

（1）复习教材有关比较器的内容。

（2）画出各类比较器的传输特性。

（3）若要将如图 23-4 所示窗口比较器电压传输特性的高、低电平对调，则应如何改动电路。

实验 24　RC 正弦波振荡器的调试

1. 实验目的

（1）进一步学习 RC 正弦波振荡器的组成及振荡条件。

（2）学会测量、调试振荡器。

2. 实验原理

从结构上看，正弦波振荡器是没有输入信号的、带选频网络的正反馈放大器。若用 R、C 组成选频网络，就被称为 RC 振荡器，一般用来产生 1Hz~1MHz 的低频信号。

（1）RC 移相振荡器

RC 移相振荡器原理图如图 24-1 所示，选择 $R \gg R_i$。

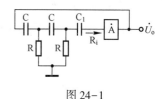

图 24-1

振荡频率：$f_o = \dfrac{1}{2\pi\sqrt{6}RC}$

启振条件：放大器 A 的电压放大倍数 $|\dot{A}| > 29$。

电路特点：简便，选频作用差，振幅不稳，频率调节不便，一般用于频率固定且稳定性要求不高的场合。

频率范围：几赫~数十千赫。

（2）RC 串、并联网络（文氏桥）振荡器

RC 串、关联网络振荡器原理图如图 24-2 所示。

振荡频率：$f_o = \dfrac{1}{2\pi RC}$

启振条件：$|\dot{A}| > 3$

电路特点：可方便地连续改变振荡频率，便于加负反馈稳幅，容易得到良好的振荡波形。

（3）双 T 选频网络振荡器

双 T 选频网络振荡器原理图如图 24-3 所示。

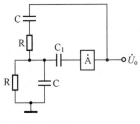

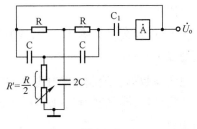

图 24-2　　　　　　　　　　　　　　图 24-3

振荡频率：$f_o = \dfrac{1}{5RC}$

启振条件：$R' < \dfrac{R}{2}$，$|\dot{A}\dot{F}| > 1$

电路特点：选频特性好，调频困难，适用于产生单一频率的振荡。

注：本实验采用两级共射极放大器组成 RC 正弦波振荡器。

3. 实验设备与元器件

（1）+12V 直流电源。

（2）函数信号发生器。

（3）双踪示波器。

（4）频率计。

（5）直流电压表。

（6）3DG12×2 或 9013×2、电阻、电容、电位器等。

4. 实验内容

（1）RC 串、并联选频网络振荡器

① 图 24-4 为 RC 串、并联选频网络振荡器。

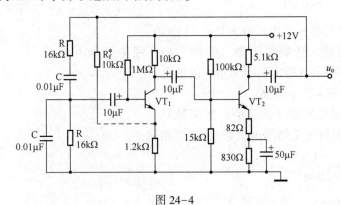

图 24-4

② 断开 RC 串、并联网络，测量放大器静态工作点及电压放大倍数。

③ 接通 RC 串、并联网络，使电路启振，用双踪示波器观测输出电压 u_o 的波形，调节 R_f^*（＊表示可变）获得满意的正弦信号，记录波形及其参数。

④ 测量振荡频率，并与计算值进行比较。

⑤ 改变 R 或 C 的值，观测振荡频率的变化情况。

⑥ 观测 RC 串、并联网络的幅频特性。

将 RC 串、并联网络与放大器断开，当函数信号发生器的正弦信号注入 RC 串、并联网络时，保持输入信号的幅度不变（约为 3V），频率由低到高变化，RC 串、并联网络输出幅值将随之变化；当达到某一频率时，RC 串、并联网络的输出将达到最大值（约为 1V），且输入、输出同相位。此时，输入信号的频率为

$$f = f_o = \frac{1}{2\pi RC}$$

（2）双 T 选频网络振荡器

① 按如图 24-5 所示连接线路。

② 断开双 T 网络，调试 VT_1 的静态工作点，使 VT_1 的集电极电压为 6~7V。

③ 接入双 T 网络，用双踪示波器观测输出波形。若不启振，则调节 R_{W1} 的阻值使电路启振。

④ 测量电路的振荡频率，并与计算值比较。

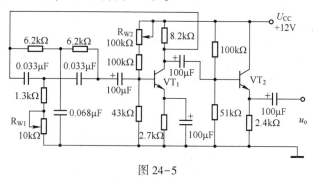

图 24-5

（3）RC 移相式振荡器的组装与调试

① 按如图 24-6 所示连接线路。

② 断开 RC 移相电路，调整放大器的静态工作点，测量放大器的电压放大倍数。

③ 接通 RC 移相电路，调节 R_{B2} 的阻值使电路启振，使输出波形的幅度最大，用双踪示波器观测输出电压 u_o 的波形，同时用频率计和双踪示波器测量振荡频率，并与理论值比较。

注：本实验参数由实验者自行选择。

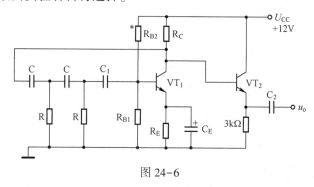

图 24-6

5. 实验总结

（1）由给定电路参数计算振荡频率，并与实测值比较，分析产生误差的原因。

（2）总结三类 RC 振荡器的特点。

6. 预习要求

（1）复习教材有关三种类型 RC 振荡器的结构和工作原理。

（2）计算三种实验电路的振荡频率。

（3）如何用双踪示波器测量振荡电路的振荡频率。

实验 25　低频 OTL 功率放大器的调试

1. 实验目的

（1）进一步理解低频 OTL 功率放大器的工作原理。

（2）学会低频 OTL 功率放大器的调试和主要性能指标的测量方法。

2. 实验原理

图 25-1 为低频 OTL 功率放大器的实验电路。图中，由三极管 VT_1 组成推动级（也称前置放大级）；VT_2、VT_3 是一对参数对称的 NPN 和 PNP 型三极管，可组成互补推挽 OTL 功率放大电路。由于每一个三极管都接成射极输出器的形式，因此具有输出电阻低、负载能力强等优点，适合作为功率输出级。VT_1 工作在甲类状态，集电极电流 I_{C1} 由电位器 R_{W1} 进行调节。

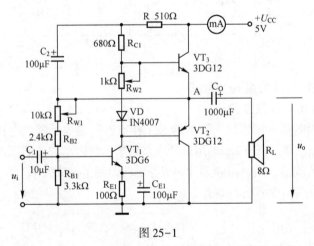

图 25-1

I_{C1} 的一部分流经电位器 R_{W2} 和二极管 VD，给 VT_2、VT_3 提供偏压。调节 R_{W2} 的阻值，可以使 VT_2、VT_3 得到合适的静态工作电流而工作在甲、乙类状态，以克服交越失真。静态时，要求输出端中点 A 的电位 $U_A = \frac{1}{2}U_{CC}$，可以通过调节 R_{W1} 的阻值来实现，又由于 R_{W1} 的一端接在 A 点，因此在电路中引入交、直流电压并联负反馈，不仅能够稳定功率放大电路的静态工作点，还可以改善非线性失真。

当输入正弦交流信号 u_i 时，经 VT_1 放大、倒相后，同时作用在 VT_2、VT_3 的基极，u_i 的负半周使 VT_2 导通（VT_3 截止），有电流通过负载 R_L，同时向电容 C_0 充电；在 u_i 的正半周，VT_3 导通（VT_2 截止），已充好电的电容器 C_0 起电源的作用，通过负载 R_L 放电，这样

在 R_L 上就得到完整的正弦波。

C_2 和 R 构成自举电路，用于提高输出电压正半周的幅度，得到大的动态范围。低频 OTL 功率放大器的主要性能指标如下。

（1）最大不失真输出功率 P_{om}

在理想情况下，$P_{om}=\dfrac{1}{8}\times\dfrac{U_{CC}^2}{R_L}$，在实验中可通过测量 R_L 两端电压的有效值求得实际的

$P_{om}=\dfrac{U_o^2}{R_L}$。

（2）效率 η

$$\eta=\dfrac{P_{om}}{P_E}\times100\%$$

式中，P_E 为直流电源供给的平均功率。

在理想情况下，$\eta_{max}=78.5\%$。在实验中，可测量电源供给的平均电流 I_{dc}，从而可求得 $P_E=U_{CC}I_{dc}$，负载上的交流功率已用上述方法求出，因而就可以计算实际效率了。

（3）频率响应

详见"实验 17 的晶体管共射极单管放大器的分析与测量"的有关内容。

（4）输入灵敏度

输入灵敏度是在输出最大不失真功率时的输入信号 U_i。

3. 实验设备与元器件

（1）+5V 直流电源。
（2）函数信号发生器。
（3）双踪示波器。
（4）交流毫伏表。
（5）直流电压表。
（6）直流毫安表。
（7）频率计。
（8）三极管 [3DG6（9011）、3DG12（9013）、3CG12（9012）]、二极管 IN4007、8Ω 扬声器、电阻器、电容器若干。

4. 实验内容

在整个测量过程中，电路不应有自激现象。

（1）静态工作点的测量

按图 25-1 连接实验电路，将输入信号旋钮旋至零（$u_i=0$），在电源进线中串入直流毫安表，电位器 R_{W2} 置最小值，R_{W1} 置中间位置，接通 +5V 电源，观测直流毫安表的指示，同时用手触摸输出级三极管。若电流过大或三极管温升显著，则应立即断开电源，检查原因（如 R_{W2} 开路、电路自激或输出级三极管性能不好等）。如无异常现象，则可开始调试。

① 调节输出端中点电位 U_A。

调节电位器 R_{W1} 的阻值，用直流电压表测量 A 点的电位，使 $U_A=\dfrac{1}{2}U_{CC}$。

② 调整输出级静态电流及测量各级静态工作点。

调节 R_{W2} 的阻值，使 VT_2、VT_3 的 $I_{C2} = I_{C3} = 5 \sim 10mA$，从减小交越失真角度而言，应适当加大输出级的静态电流，但该电流过大，会使效率降低，所以一般以 $5 \sim 10mA$ 为宜。由于直流毫安表是串在电源进线中的，因此测量的是整个放大器的电流，但一般 VT_1 的集电极电流 I_{C1} 较小，从而可以把测量的总电流近似作为末级的静态电流。如要准确得到末级静态电流，则可从总电流中减去 I_{C1}。

调整输出级静态电流的另一种方法是动态调试法。先使 $R_{W2} = 0$，在输入端接入 $f = 1kHz$ 的正弦信号 u_i，逐渐加大输入信号的幅值，输出波形应出现较严重的交越失真（注意，没有饱和和截止失真），然后缓慢增大 R_{W2}，当交越失真刚好消失时，停止调节 R_{W2}，恢复 $u_i = 0$，此时直流毫安表的读数即为输出级的静态工作电流，一般应为 $5 \sim 10mA$，如过大，则要检查电路。

输出级电流调好以后，测量各级的静态工作点，将数据记录在表 25-1 中。

表 25-1

实验内容	VT_1	VT_2	VT_3
$U_B(V)$			
$U_C(V)$			
$U_E(V)$			

注意：

a. 在调整 R_{W2} 时，一是要注意旋转方向，不要调得过大，更不能开路，以免损坏输出级三极管。

b. 输出级三极管的静态工作电流调好后，如无特殊情况，不得随意旋动 R_{W2} 的位置。

（2）最大输出功率 P_{om} 和效率 η 的测量

① 测量 P_{om}。

输入端接 $f = 1kHz$ 的正弦信号 u_i，输出端用双踪示波器观测输出电压 u_o 波形。逐渐增大 u_i，使输出电压达到最大不失真输出，用交流毫伏表测量负载 R_L 上的电压 U_{om}，则

$$P_{om} = \frac{U_{om}^2}{R_L}$$

② 测量 η。

当输出电压为最大不失真输出时，读出直流毫安表的数值，此数值即为直流电源供给的平均电流 I_{dc}（有一定的误差），由此可近似求得 $P_E = U_{CC}I_{dc}$，再根据上面测量的 P_{om}，即可求出 $\eta = \dfrac{P_{om}}{P_E}$。

（3）输入灵敏度测量

根据输入灵敏度的定义，只要测量输出功率 $P_o = P_{om}$ 时的输入电压 U_i 即可。

（4）频率响应的测量

测量方法同实验 17，将数据记录在表 25-2 中。

表 25-2

$f(\text{Hz})$					1000					
$U_o(\text{V})$										
A_V										

在测量时，为保证电路的安全，应在较低电压下进行，通常取输入电压为输入灵敏度的50%。在整个测量过程中，应保持 U_i 为恒定值，且输出波形不失真。

（5）研究自举电路的作用

① 测量有自举电路，且 $P_o = P_{omax}$ 时的电压增益 $A_V = \dfrac{U_{om}}{U_i}$。

② 将 C_2 开路、R 短路（无自举），再测量 $P_o = P_{omax}$ 时的 A_V。

用双踪示波器观测在①、②两种情况下的输出电压波形，并将以上两项测量结果进行比较，分析研究自举电路的作用。

（6）噪声电压的测量

测量时，将输入端短路（$u_i = 0$），观测输出噪声波形，并用交流毫伏表测量输出电压，即噪声电压 U_N。在本电路中，若 $U_N < 15\text{mV}$，即可满足要求。

（7）试听

输入信号改为录音机输出，输出端接试听音箱和双踪示波器，开机试听，观测语言和音乐信号的输出波形。

5. 实验总结

（1）整理实验数据，计算静态工作点、最大不失真输出功率 P_{om}、效率 η 等，并与理论值进行比较，画出频率响应曲线。

（2）分析自举电路的作用。

6. 预习要求

（1）复习有关 OTL 工作原理的部分内容。

（2）为什么引入自举电路能够扩大输出电压的动态范围？

（3）交越失真产生的原因是什么？怎样克服交越失真？

（4）电路中的电位器 R_{W2} 如果开路或短路，对电路工作有何影响？

（5）为了不损坏输出级三极管，在调试中应注意什么问题？

（6）如电路有自激现象，则应如何消除？

实验 26　直流稳压电源的测量

1. 实验目的

（1）研究单相桥式整流、电容滤波电路的特性。

（2）掌握稳压电源主要技术指标的测量方法。

2. 实验原理

电子设备一般都需要直流电源供电。这些直流电源除了少数直接利用干电池和直流发电机，大多数都采用将交流电（市电）转变为直流电的直流稳压电源。

直流稳压电源由电源变压器、整流电路、滤波电路及稳压电路四部分组成。其原理框图如图 26-1 所示。电网供给的交流电压 u_1（220V，50Hz）经电源变压器降压后，得到符合电路需要的交流电压 u_2，由整流电路变换为方向不变、大小随时间变化的脉动电压 u_3，再用滤波电路滤去交流分量，就可得到比较平直的直流电压。但这样的直流输出电压还会随交流电网电压的波动或负载的变动而变化，在对直流供电要求较高的场合还需要使用稳压电路，以保证输出直流电压更加稳定。

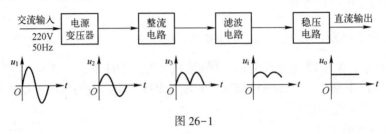

图 26-1

3. 实验设备与元器件

（1）可调工频电源 0～14V。

（2）双踪示波器。

（3）交流毫伏表。

（4）直流电压表。

（5）直流毫安表。

（6）滑线变阻器 200Ω/1A。

（7）三极管［3DG6×2（9011×2）、3DG12×1（9013×1）］、IN4007×4、IN4735×1、电阻器、电容器若干。

4. 实验内容

（1）整流滤波电路的测量

按如图 26-2 所示连接实验电路，取可调工频电源电压为 14V 作为整流滤波电路的输入电压 u_2。

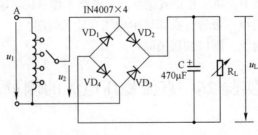

图 26-2

① 取 $R_L = 240Ω$，不加滤波电容，测量直流输出电压 U_L 和纹波电压 $\widetilde{U}_L$，并用双踪示波器观测 u_2 和 u_L 的波形，将波形记录在表 26-1 中。

② 取 $R_L = 240Ω$，$C = 470\mu F$，重复①的要求，将波形记录在表 26-1 中。

③ 取 $R_L = 120\Omega$，$C = 470\mu F$，重复①的要求，将波形记录在表 26-1 中。

表 26-1

电路形式		$U_L(V)$	$\widetilde{U}_L(V)$	u_L 波形
$R_L = 240\Omega$				
$R_L = 240\Omega$ $C = 470\mu F$				
$R_L = 120\Omega$ $C = 470\mu F$				

注意：

a. 在每次改接电路时，必须切断工频电源。

b. 在观测输出电压 U_L 波形的过程中，调好"Y 轴灵敏度"旋钮的位置后，不要再变动，否则将无法比较各波形的脉动情况。

（2）稳压电源性能的测量

切断工频电源，接入稳压器。

① 初测。

稳压器输出端负载开路，断开保护电路，接通 14V 工频电源，测量整流滤波电路的输入电压 U_2、滤波电路的输出电压 U_i（稳压器的输入电压）和输出电压 U_o。调节电位器 R_L 的阻值，观测 U_o 的大小和变化情况，如果 U_o 能跟随 R_L 的阻值线性变化，则说明稳压电路各反馈环路的工作基本正常；否则，说明稳压电路有故障。

② 测量输出电压可调范围。

接入负载 R_L（滑线变阻器），调节 R_L 的阻值，使输出电流 $I_o \approx 100mA$。再调节电位器 R_L 的阻值，测量输出电压可调范围 $U_{omin} \sim U_{omax}$，使 R_L 的动点在中间位置附近时 $U_o = 10V$。

③ 测量输出纹波电压。

取 $U_2 = 14V$，$U_o = 10V$，$I_o \approx 100mA$，测量输出纹波电压 $\widetilde{U}_o$，并记录。

5. 实验总结

（1）对表 26-1 中的测量结果进行全面分析，总结桥式整流、电容滤波电路的特点。

（2）分析讨论实验中出现的故障及其排除方法。

6. 预习要求

（1）在桥式整流电路实验中，能否用双踪示波器同时观测 u_2 和 u_L 的波形？为什么？

（2）在桥式整流电路中，如果某个二极管发生开路、短路或反接，将会出现什么问题？

第 3 篇　数字电子技术（天煌教仪）

实验 27　译码器及其应用

1. 实验目的

（1）掌握中规模集成译码器的逻辑功能和使用方法。

（2）熟悉数码管的使用。

2. 实验原理

译码器是一个多输入、多输出的组合逻辑电路。它的作用是把给定的代码"翻译"成相应的状态，使输出通道中相应的一路有信号输出。译码器在数字系统中有广泛的用途，不仅用于代码的转换和终端的数字显示，还用于数据分配、存储器寻址及组合控制等。不同的功能可选用不同种类的译码器。

译码器可分为通用译码器和显示译码器两大类。通用译码器又分为变量译码器和代码变换译码器。

（1）变量译码器

变量译码器又称二进制译码器，用于表示输入变量的状态，如 2-4 线、3-8 线及 4-16 线译码器。有 n 个输入变量，就有 2^n 个不同的组合状态，则有 2^n 个输出端可供使用。每一个输出所代表的函数均对应于 n 个输入变量的最小项。

下面以 3-8 线译码器 74LS138 为例进行分析。图 27-1 为 3-8 线译码器 74LS138 的逻辑图及引脚排列。

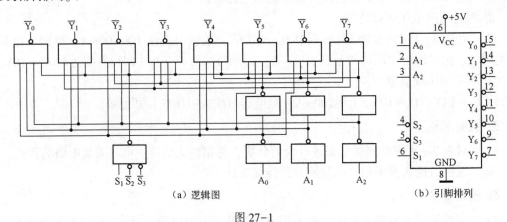

（a）逻辑图　　　　　　　　　　　　　　　（b）引脚排列

图 27-1

图中，A_2、A_1、A_0 为地址输入端；$\overline{Y}_0 \sim \overline{Y}_7$ 为译码输出端；S_1、$\overline{S}_2$、$\overline{S}_3$ 为使能端。

表 27-1 为 74LS138 的功能表。

表 27-1 74LS138 的功能表

输　　入					输　　出							
S_1	$\overline{S}_2+\overline{S}_3$	A_2	A_1	A_0	$\overline{Y}_0$	$\overline{Y}_1$	$\overline{Y}_2$	$\overline{Y}_3$	$\overline{Y}_4$	$\overline{Y}_5$	$\overline{Y}_6$	$\overline{Y}_7$
1	0	0	0	0	0	1	1	1	1	1	1	1
1	0	0	0	1	1	0	1	1	1	1	1	1
1	0	0	1	0	1	1	0	1	1	1	1	1
1	0	0	1	1	1	1	1	0	1	1	1	1
1	0	1	0	0	1	1	1	1	0	1	1	1
1	0	1	0	1	1	1	1	1	1	0	1	1
1	0	1	1	0	1	1	1	1	1	1	0	1
1	0	1	1	1	1	1	1	1	1	1	1	0
0	×	×	×	×	1	1	1	1	1	1	1	1
×	1	×	×	×	1	1	1	1	1	1	1	1

当 $S_1=1$、$\overline{S}_2+\overline{S}_3=0$ 时，74LS138 使能，地址码所指定的输出端有信号（为 0）输出，其他所有的输出端均无信号（全为 1）输出；当 $S_1=0$、$\overline{S}_2+\overline{S}_3=\times$ 或 $S_1=\times$、$\overline{S}_2+\overline{S}_3=1$ 时，译码器被禁止，所有的输出同时为 1。

二进制译码器实际上也是负脉冲输出的脉冲分配器。若利用使能端中的一个输入端输入数据信息，则 74LS138 就会成为一个数据分配器（又称多路分配器），如图 27-2 所示。若在 S_1 输入端输入数据信息，令 $\overline{S}_2=\overline{S}_3=0$，则地址码所对应的输出是 S_1 输入端输入数据信息的反码；若在 $\overline{S}_2$ 输入端输入数据信息，令 $S_1=1$、$\overline{S}_3=0$，则地址码所对应的输出就是 $\overline{S}_2$ 输入端输入数据信息的原码。若数据信息是时钟脉冲，则数据分配器便成为时钟脉冲分配器。

根据输入地址的不同可组合译出唯一的地址，故可用作地址译码器。接成多路分配器，可将一个信号源的数据信息传输到不同的地点。

二进制译码器还能方便地实现逻辑函数，如图 27-3 所示。实现的逻辑函数为

$$Z=\overline{A}\,\overline{B}\,C+\overline{A}BC+A\overline{B}\,\overline{C}+ABC$$

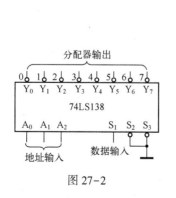

图 27-2

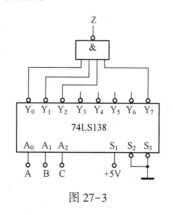

图 27-3

利用使能端能方便地用两片 74LS138 组合成一个 4-16 线译码器，如图 27-4 所示。

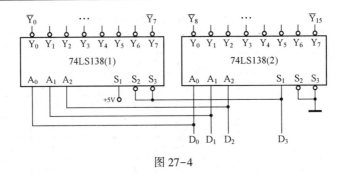

图 27-4

（2）数码显示译码器

① 七段发光二极管（LED）数码管。

LED 数码管是目前最常用的数字显示器。图 27-5（a）和（b）分别为共阴连接和共阳连接；图 27-5（c）为两种不同出线形式的引脚功能。

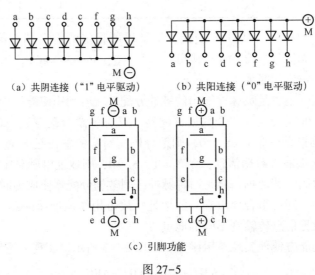

图 27-5

一个 LED 数码管可用来显示 0~9 的十进制数和一个小数点。在小型数码管（0.5 英寸和 0.36 英寸）中，每个发光二极管的正向压降随显示光（通常为红、绿、黄、橙色）颜色的不同略有差别，通常为 2~2.5V。每个发光二极管的点亮电流为 5~10mA。LED 数码管要显示 BCD 码所表示的十进制数就需要有一个专门的译码器。该译码器不但要完成译码功能，还要有相当的驱动能力。

② BCD 码七段译码驱动器。

此类译码驱动器的型号有 74LS47（共阳）、74LS48（共阴）及 CC4511（共阴）等。本实验采用 CC4511 BCD 码锁存七段译码驱动器驱动共阴极 LED 数码管。

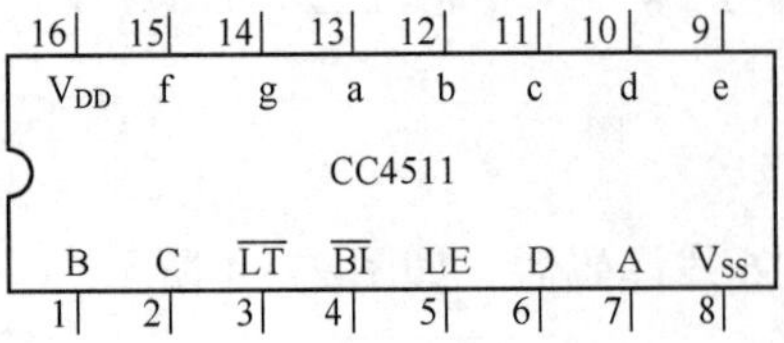

图 27-6 为 CC4511 的引脚排列。

图中，A、B、C、D 为 CC4511 的输入端；a、b、c、d、e、f、g 为其输出端，输出"1"有效，用来驱动共阴极 LED 数码管；$\overline{LT}$ 为测量输入端，当 $\overline{LT}$ = "0"

图 27-6

时，CC4511 的输出全为"1"；$\overline{BI}$为消隐输入端，当$\overline{BI}$="0"时，CC4511 的输出全为"0"；LE 为锁定端，当 LE="1"时，CC4511 处于锁定（保持）状态，输出保持在 LE=0 时的数值，LE=0 为正常译码。

表 27-2 为 CC4511 的功能表。CC4511 内接上拉电阻，只需要在输出端与数码管的笔段之间串入限流电阻即可工作。CC4511 还有拒伪码功能，当输入码超过 1001 时，输出全为"0"，数码管熄灭。

表 27-2　CC4511 的功能表

输入							输出							
LE	$\overline{BI}$	$\overline{LT}$	D	C	B	A	a	b	c	d	e	f	g	显示字形
×	×	0	×	×	×	×	1	1	1	1	1	1	1	8
×	0	1	×	×	×	×	0	0	0	0	0	0	0	消隐
0	1	1	0	0	0	0	1	1	1	1	1	1	0	0
0	1	1	0	0	0	1	0	1	1	0	0	0	0	1
0	1	1	0	0	1	0	1	1	0	1	1	0	1	2
0	1	1	0	0	1	1	1	1	1	1	0	0	1	3
0	1	1	0	1	0	0	0	1	1	0	0	1	1	4
0	1	1	0	1	0	1	1	0	1	1	0	1	1	5
0	1	1	0	1	1	0	0	0	1	1	1	1	1	6
0	1	1	0	1	1	1	1	1	1	0	0	0	0	7
0	1	1	1	0	0	0	1	1	1	1	1	1	1	8
0	1	1	1	0	0	1	1	1	1	0	0	1	1	9
0	1	1	1	0	1	0	0	0	0	0	0	0	0	消隐
0	1	1	1	0	1	1	0	0	0	0	0	0	0	消隐
0	1	1	1	1	0	0	0	0	0	0	0	0	0	消隐
0	1	1	1	1	0	1	0	0	0	0	0	0	0	消隐
0	1	1	1	1	1	0	0	0	0	0	0	0	0	消隐
0	1	1	1	1	1	1	0	0	0	0	0	0	0	消隐
1	1	1	×	×	×	×	锁存							锁存

在完成 CC4511 和数码管 BS202 之间的连接后，在实验时，只要接通+5V 电源，并将十进制数的 BCD 码接至译码驱动器的相应输入端 A、B、C、D 即可显示 0~9 的数字。四位数码管可接受四组 BCD 码的输入。CC4511 驱动一位 LED 数码管的连接如图 27-7 所示。

3. 实验设备与元器件

（1）+5V 直流电源。　　　　　（2）双踪示波器。

（3）连续脉冲源。　　　　　　（4）逻辑电平开关。

（5）逻辑电平显示器。　　　　（6）拨码开关组。

（7）译码显示器。　　　　　　（8）74LS138×2 和 CC4511。

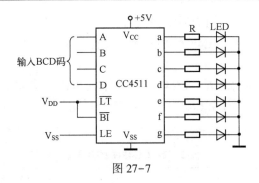

图 27-7

4. 实验内容

（1）数据拨码开关的使用

将实验装置中四组拨码开关的输出 A_i、B_i、C_i、D_i 分别接至 4 组显示译码/驱动器 CC4511 的对应输入口，LE、$\overline{BI}$、$\overline{LT}$ 接至三个逻辑开关的输出插口，接上 +5V 显示器的电源后，按功能表 27-2 的输入要求揿动四个数码管的"增/减"键（"+"与"-"键）并操作与 LE、$\overline{BI}$、$\overline{LT}$ 对应的三个逻辑开关，观测拨码盘上的四位数与 LED 数码管显示的对应数字是否一致，以及译码显示是否正常。

（2）74LS138 译码器逻辑功能测量

将译码器的使能端 S_1、$\overline{S_2}$、$\overline{S_3}$ 和地址端 A_2、A_1、A_0 分别接至逻辑电平开关的输出端，8 个输出端 $\overline{Y_7}$、$\cdots$、$\overline{Y_0}$ 依次连接在逻辑电平显示器的 8 个输入端上，拨动逻辑电平开关，按表 27-1 逐项测量 74LS138 的逻辑功能。

（3）用 74LS138 构成时序脉冲分配器

参照图 27-2 和实验原理说明，时钟脉冲 CP 的频率约为 10kHz，要求分配器的输出端 $\overline{Y_0}$、$\cdots$、$\overline{Y_7}$ 信号与 CP 输入信号同相。

画出分配器的实验电路，用双踪示波器观测并记录在地址端 A_2、A_1、A_0 分别取 000～111 8 种不同状态时 $\overline{Y_0}$、$\cdots$、$\overline{Y_7}$ 端的输出波形，注意输出波形与 CP 输入波形之间的相位关系。

（4）用两片 74LS138 组合成一个 4—16 线译码器并进行实验。

5. 实验预习要求

（1）复习有关译码器和分配器的原理。

（2）根据实验任务，画出所需的实验线路和记录表格。

6. 实验报告

（1）画出实验线路，把观测到的波形画在坐标纸上，并标上对应的地址码。

（2）对实验结果进行分析、讨论。

实验 28   触发器及其应用

1. 实验目的

（1）掌握基本 RS、JK、D 及 T 触发器的逻辑功能。

（2）掌握集成触发器的逻辑功能及使用方法。

（3）熟悉触发器之间相互转换的方法。

2. 实验原理

触发器具有两个稳定状态，用于表示逻辑状态"1"和"0"，在一定的外界信号作用下，可以从一个稳定状态翻转到另一个稳定状态，是一个具有记忆功能的二进制信息存储器件，是构成各种时序电路的最基本逻辑单元。

（1）基本 RS 触发器

图 28-1 为由两个与非门交叉耦合构成的基本 RS 触发器。它是无时钟控制低电平直接触发的触发器。基本 RS 触发器具有置"0"、置"1"及"保持"三种功能。通常称 $\overline{S}$ 为置"1"端，因为 $\overline{S}=0(\overline{R}=1)$ 时，触发器被置"1"；$\overline{R}$ 为置"0"端，因为 $\overline{R}=0(\overline{S}=1)$ 时，触发器被置"0"；当 $\overline{S}=\overline{R}=1$ 时，触发器状态保持；当 $\overline{S}=\overline{R}=0$ 时，触发器状态不稳定，应避免此种情况的发生。表 28-1 为基本 RS 触发器的功能表。

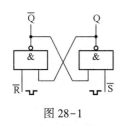

图 28-1

表 28-1 基本 RS 触发器的功能表

输	入	输	出
$\overline{S}$	$\overline{R}$	Q^{n+1}	$\overline{Q}^{n+1}$
0	1	1	0
1	0	0	1
1	1	Q^n	$\overline{Q}^n$
0	0	ϕ	ϕ

基本 RS 触发器也可以用两个"或非门"组成，此时为高电平触发有效。

（2）JK 触发器

在输入信号为双端的情况下，JK 触发器是功能完善、使用灵活及通用性较强的一种触发器。本实验采用的 74LS112 双 JK 触发器是下降边沿触发的边沿触发器。其引脚功能及逻辑符号如图 28-2 所示。

JK 触发器的状态方程为

$$Q^{n+1}=J\overline{Q}^n+\overline{K}Q^n$$

J 和 K 是数据输入端，是触发器状态更新的依据。若有两个或两个以上的输入端时，则可组成"与"的关系。Q 和 $\overline{Q}$ 为两个互补输出端，通常把 $Q=0$、$\overline{Q}=1$ 的状态定为触发器"0"状态，把 $Q=1$、$\overline{Q}=0$ 的状态定为触发器"1"状态。

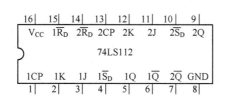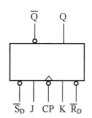

图 28-2

下降沿触发 JK 触发器的功能表见表 28-2。

表 28-2　下降沿触发 JK 触发器的功能表

输　　　　入					输　　　出	
$\overline{S}_D$	$\overline{R}_D$	CP	J	K	Q^{n+1}	$\overline{Q}^{n+1}$
0	1	×	×	×	1	0
1	0	×	×	×	0	1
0	0	×	×	×	ϕ	ϕ
1	1	↓	0	0	Q^n	$\overline{Q}^n$
1	1	↓	1	0	1	0
1	1	↓	0	1	0	1
1	1	↓	1	1	$\overline{Q}^n$	Q^n
1	1	↑	×	×	Q^n	$\overline{Q}^n$

注：×为任意态；↓为从高电平到低电平的跳变；↑为从低电平到高电平的跳变；Q^n（$\overline{Q}^n$）为现态；Q^{n+1}（$\overline{Q}^{n+1}$）为次态；ϕ 为不定态。

JK 触发器常被用作缓冲存储器、移位寄存器和计数器。

（3）D 触发器

在输入信号为单端的情况下，使用 D 触发器最方便。其状态方程为 $Q^{n+1}=D^n$。输出状态的更新发生在 CP 脉冲的上升沿，故又被称为上升沿触发的边沿触发器。D 触发器的状态只取决于时钟到来前 D 端的状态。D 触发器的应用很广，可用作数字信号的寄存、移位寄存、分频及波形发生等。D 触发器有很多型号可用于各种用途，如双 D 74LS74、四 D 74LS175 及六 D 74LS174 等。

图 28-3 为双 D 74LS74 的引脚排列及逻辑符号，功能表见表 28-3。

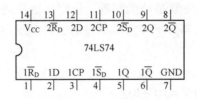
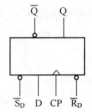

图 28-3

（4）触发器之间的相互转换

在集成触发器的产品中，每一种触发器都有自己固定的逻辑功能，可以利用转换的方法获得具有其他功能的触发器。例如，将 JK 触发器的 J、K 两端连在一起，并认定为 T 端，就可得到所需的 T 触发器，如图 28-4（a）所示。其状态方程为 $Q^{n+1}=T\overline{Q}^n+\overline{T}Q^n$。

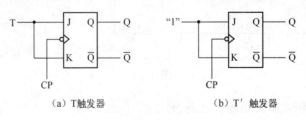

（a）T 触发器　　　　　　　　（b）T′触发器

图 28-4

T 触发器的功能表见表 28-4。

表 28-3　双 D 74LS74 的功能表

输　　入				输　出	
$\overline{S}_D$	$\overline{R}_D$	CP	D	Q^{n+1}	$\overline{Q}^{n+1}$
0	1	×	×	1	0
1	0	×	×	0	1
0	0	×	×	φ	φ
1	1	↑	1	1	0
1	1	↑	0	0	1
1	1	↓	×	Q^n	$\overline{Q}^n$

表 28-4　T 触发器的功能表

输　　入				输出
$\overline{S}_D$	$\overline{R}_D$	CP	T	Q^{n+1}
0	1	×	×	1
1	0	×	×	0
1	1	↓	0	Q^n
1	1	↓	1	$\overline{Q}^n$

由功能表可见，当 T = 0，且在时钟脉冲作用后，T 触发器的状态保持不变；当 T = 1，且在时钟脉冲作用后，T 触发器的状态翻转。所以，若将 T 触发器的 T 端置"1"，如图 28-4（b）所示，即可得到 T′触发器。在 T′触发器的 CP 端，每来一个 CP 脉冲信号，T′触发器的状态就翻转一次，故称其为反转触发器，被广泛用在计数电路中。

同样，若将 D 触发器 $\overline{Q}$ 端与 D 端相连接，便可转换成 T′触发器，如图 28-5 所示。

JK 触发器也可转换为 D 触发器，如图 28-6 所示。

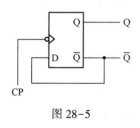

图 28-5

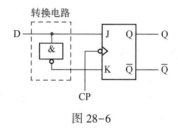

图 28-6

（5）CMOS 触发器

① CMOS 边沿型 D 触发器。

CC4013 是由 CMOS 传输门构成的边沿型 D 触发器，是上升沿触发的双 D 触发器。表 28-5 为 CC4013 的功能表。图 28-7 为 CC4013 的引脚排列。

表 28-5　CC4013 的功能表

输　　入				输出
S	R	CP	D	Q^{n+1}
1	0	×	×	1
0	1	×	×	0
1	1	×	×	φ
0	0	↑	1	1
0	0	↑	0	0
0	0	↓	×	Q^n

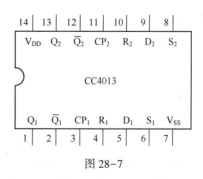

图 28-7

② CMOS 边沿型 JK 触发器。

CC4027 是由 CMOS 传输门构成的边沿型 JK 触发器，是上升沿触发的双 JK 触发器。表 28-6 为 CC4027 的功能表。图 28-8 为 CC4027 的引脚排列。

表 28-6　CC4027 的功能表

输　　入					输出
S	R	CP	J	K	Q^{n+1}
1	0	×	×	×	1
0	1	×	×	×	0
1	1	×	×	×	φ
0	0	↑	0	0	Q^n
0	0	↑	1	0	1
0	0	↑	0	1	0
0	0	↑	1	1	$\overline{Q^n}$
0	0	↓	×	×	Q^n

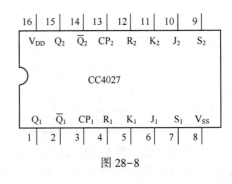

图 28-8

CMOS 触发器的直接置位、复位输入端 S 和 R 为高电平有效，当 S = 1（或 R = 1）时，触发器将不受其他输入端所处状态的影响，可直接置 1（或置 0）。但直接置位，复位输入端 S 和 R 必须遵守 RS = 0 的约束条件。CMOS 触发器在按逻辑功能工作时，S 和 R 必须均置 0。

3. 实验设备与元器件

（1）+5V 直流电源。　　　　　　（2）双踪示波器。

（3）连续脉冲源。　　　　　　　（4）单次脉冲源。

（5）逻辑电平开关。　　　　　　（6）逻辑电平显示器。

（7）触发器 74LS112（或 CC4027）、74LS00（或 CC4011）、74LS74（或 CC4013）。

4. 实验内容

（1）测量基本 RS 触发器的逻辑功能

按图 28-1，用两个与非门组成基本 RS 触发器，输入端 $\overline{R}$、$\overline{S}$ 接逻辑开关的输出插口，输出端 Q、$\overline{Q}$ 接逻辑电平显示输入插口，按表 28-7 的要求测量，并记录数据。

表 28-7

$\overline{R}$	$\overline{S}$	Q	$\overline{Q}$
1	1→0		
	0→1		
1→0	1		
0→1			
0	0		

（2）测量双 JK 触发器 74LS112 的逻辑功能

① 测量 $\overline{R}_D$、$\overline{S}_D$ 的复位、置位功能。

任取一个 JK 触发器，将$\overline{R}_D$、$\overline{S}_D$、J、K 端接逻辑开关的输出插口，CP 端接单次脉冲源，Q、$\overline{Q}$端接逻辑电平显示输入插口。要求改变$\overline{R}_D$、$\overline{S}_D$（J、K、CP 端处于任意状态），并在$\overline{R}_D = 0(\overline{S}_D = 1)$ 或$\overline{S}_D = 0(\overline{R}_D = 1)$ 作用期间任意改变 J、K、CP 端的状态，观测 Q、$\overline{Q}$端的状态。自拟表格并记录数据。

② 测量 JK 触发器的逻辑功能。

按表 28-8 的要求改变 J、K、CP 端的状态，观测 Q、$\overline{Q}$端的状态变化，观测 JK 触发器状态的更新是否发生在 CP 脉冲的下降沿（CP 由 $1\rightarrow0$），并记录数据。

③ 将 JK 触发器的 J、K 端连在一起，构成 T 触发器。

在 CP 端输入 1Hz 的连续脉冲，观测 Q 端的变化。

在 CP 端输入 1kHz 的连续脉冲，用双踪示波器观测 CP、Q、$\overline{Q}$端的波形，注意相位关系，并进行描绘。

表 28-8

J	K	CP	Q^{n+1}	
			$Q^n = 0$	$Q^n = 1$
0	0	$0\rightarrow1$		
		$1\rightarrow0$		
0	1	$0\rightarrow1$		
		$1\rightarrow0$		
1	0	$0\rightarrow1$		
		$1\rightarrow0$		
1	1	$0\rightarrow1$		
		$1\rightarrow0$		

（3）测量双 D 触发器 74LS74 的逻辑功能

① 测量$\overline{R}_D$、$\overline{S}_D$的复位、置位功能。

测量方法同实验内容（2）中的①，自拟表格记录。

② 测量 D 触发器的逻辑功能。

按表 28-9 的要求进行测量，并观测 D 触发器的状态更新是否发生在 CP 脉冲的上升沿（由 $0\rightarrow1$），并记录数据。

表 28-9

D	CP	Q^{n+1}	
		$Q^n = 0$	$Q^n = 1$
0	$0\rightarrow1$		
	$1\rightarrow0$		
1	$0\rightarrow1$		
	$1\rightarrow0$		

③ 将 D 触发器的$\overline{Q}$端与 D 端相连接，构成 T′触发器。

测量方法同实验内容（2）中的③，并记录数据。

（4）双相时钟脉冲电路

用 JK 触发器和与非门构成的双相时钟脉冲电路如图 28-9 所示。此电路可将时钟脉冲 CP 转换成两相时钟脉冲 CP_A 和 CP_B。其频率相同、相位不同。

按图 28-9 接线，用双踪示波器同时观测 CP、CP_A，CP、CP_B 及 CP_A、CP_B 的波形，并描绘。

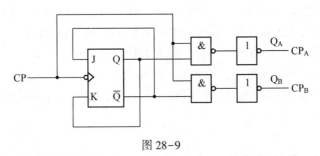

图 28-9

（5）乒乓球练习电路

电路功能要求：模拟两名运动员在练球时，乒乓球能否往返运转。

提示：采用双 D 触发器 74LS74 设计实验线路，两个 CP 端触发脉冲分别由两名运动员操作，两个触发器的输出状态用逻辑电平显示器显示。

5. 实验预习要求

（1）复习有关触发器的内容。

（2）列出各触发器的功能测量表格。

（3）按实验内容（4）、（5）的要求设计线路，并拟定实验方案。

6. 实验报告

（1）列表整理各类触发器的逻辑功能。

（2）总结观测到的波形，说明触发器的触发方式。

（3）体会触发器的应用。

（4）利用普通机械开关组成的数据开关产生的信号是否可作为触发器的时钟脉冲信号？为什么？是否可以用作触发器的其他输入端信号？为什么？

实验 29 计数器及其应用

1. 实验目的

（1）学习用集成触发器构成计数器的方法。

（2）掌握中规模集成计数器的使用及功能测量方法。

（3）运用集成计数器构成 $1/N$ 分频器。

2. 实验原理

计数器是一个用于实现计数功能的时序部件。它不仅可用来计数脉冲，还常用作数字系统的定时、分频执行数字运算和其他特定的逻辑功能。

　　计数器的种类很多，按构成计数器中的触发器是否使用一个时钟脉冲源有同步计数器和异步计数器；按计数制的不同有二进制计数器、十进制计数器及任意进制计数器；按计数的增/减趋势有加法、减法及可逆计数器；还有可预置数和可编程序功能计数器；等等。目前，无论是 TTL 还是 CMOS 集成电路，都有品种较齐全的中规模集成计数器。只要借助器件手册提供的功能表、工作波形图及引脚排列就能正确运用。

　　（1）用 D 触发器构成异步二进制加/减计数器

　　图 29-1 为用四个 D 触发器构成的四位二进制异步加法计数器。它的连接特点是将每个 D 触发器都接成 T′触发器，再用低位触发器的 $\overline{Q}$ 端与高一位的 CP 端相连接。

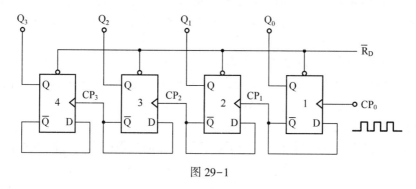

图 29-1

　　若将图 29-1 稍加改动，即将低位触发器的 Q 端与高一位的 CP 端相连接，则可构成 4 位二进制减法计数器。

　　（2）中规模十进制计数器

　　CC40192 是同步十进制可逆计数器，具有双时钟输入、清除及置数等功能。其引脚排列和逻辑符号如图 29-2 所示。

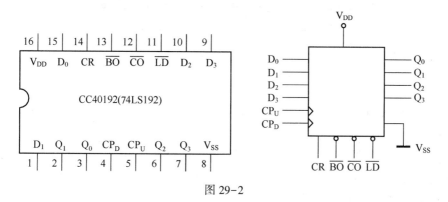

图 29-2

　　图中，$\overline{LD}$ 为置数端；CP_U 为加计数端；CP_D 为减计数端；$\overline{CO}$ 为非同步进位输出端；$\overline{BO}$ 为非同步借位输出端；D_0、D_1、D_2、D_3 为计数器输入端；Q_0、Q_1、Q_2、Q_3 为数据输出端；CR 为清除端。

　　CC40192（同 74LS192，二者可互换使用）的功能见表 29-1。

表 29-1　CC40192 的功能

输　入								输　出			
CR	$\overline{LD}$	CP_U	CP_D	D_3	D_2	D_1	D_0	Q_3	Q_2	Q_1	Q_0
1	×	×	×	×	×	×	×	0	0	0	0
0	0	×	×	d	c	b	a	d	c	b	a
0	1	↑	1	×	×	×	×	加　计　数			
0	1	1	↑	×	×	×	×	减　计　数			

当清除端 CR 为高电平 "1" 时，计数器直接清 0；当 CR 为低电平时，执行其他功能。

当消除端 CR 为低电平，置数端$\overline{LD}$也为低电平时，数据直接从置数端 D_0、D_1、D_2、D_3 置入计数器。

当清除端 CR 为低电平，$\overline{LD}$ 为高电平时，执行计数功能。执行加计数时，减计数端 CP_D 接高电平，计数脉冲由 CP_U 输入，在计数脉冲上升沿进行 8421 码十进制加法计数；执行减计数时，加计数端 CP_U 接高电平，计数脉冲由减计数端 CP_D 输入。

（3）计数器的级联使用

一个十进制计数器只能表示 0~9，为了扩大计数器的计数范围，常将多个十进制计数器级联使用。

同步计数器往往设有进位（或借位）输出端，故可选用进位（或借位）输出信号驱动下一级的计数器。

图 29-3 为由 CC40192 利用进位输出端$\overline{CO}$控制高一位 CP_U 端构成的加数级联图。

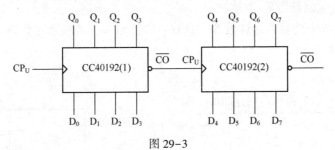

图 29-3

（4）实现任意进制计数

① 用复位法获得任意进制的计数器。

假定已有 N 进制计数器，需要得到一个 M 进制的计数器时，只要 $M<N$，则用复位法使计数器计数到 M 时置 "0"，即可获得 M 进制计数器。图 29-4 为由 CC40192 十进制计数器接成的六进制计数器。

② 利用预置功能获得 M 进制计数器。

图 29-5 为用三个 CC40192 组成的 421 进制计数器。

外加由与非门构成的锁存器可以克服器件计数速度的离散性，保证在反馈置 "0" 信号作用下，计数器可靠置 "0"。

图 29-6 为特殊 12 进制计数器。计数序列为 01、02、…、12，是 12 进制的，当计数到 13 时，通过与非门产生一个复位信号，使 CC40192(2)〔十位〕直接置为 0000，CC40192(1)（个

位）直接置为 0001，从而实现 01～12 的计数。

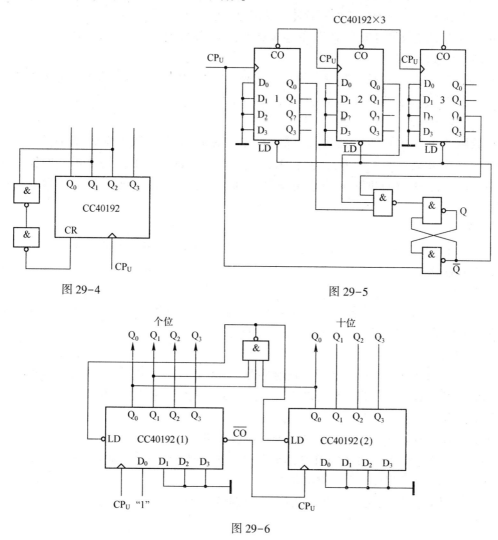

图 29-4

图 29-5

图 29-6

3. 实验设备与元器件

（1）+5V 直流电源。 （2）双踪示波器。

（3）连续脉冲源。 （4）单次脉冲源。

（5）逻辑电平开关。 （6）逻辑电平显示器。

（7）译码显示器。

（8）触发器 CC4013×2（74LS74）、CC40192×3（74LS192）、CC4011（74LS00）、CC4012（74LS20）。

4. 实验内容

（1）用 CC4013 或 74LS74 D 触发器构成 4 位二进制异步加法计数器。

① 按图 29-1 接线，$\overline{R}_D$ 接至逻辑开关的输出插口，将低位 CP_0 端接单次脉冲源，输出端 Q_3、Q_2、Q_3、Q_0 接逻辑电平显示输入插口。

② 清 0 后，逐个送入单次脉冲，观测并列表记录 $Q_3 \sim Q_0$ 端的状态。

③ 将单次脉冲改为 1Hz 的连续脉冲，观测 $Q_3 \sim Q_0$ 端的状态。

④ 将 1Hz 的连续脉冲改为 1kHz 的连续脉冲，用双踪示波器观测 CP、Q_3、Q_2、Q_1、Q_0 端的波形，并进行描绘。

⑤ 将图 29-1 电路中低位触发器的 Q 端与高一位的 CP 端相连接，构成减法计数器，按②、③、④操作，观测并列表记录 $Q_3 \sim Q_0$ 端的状态。

（2）测量 CC40192 或 74LS192 同步十进制可逆计数器的逻辑功能。

计数脉冲由单次脉冲源提供，清除端 CR、置数端 $\overline{LD}$ 及数据输入端 D_3、D_2、D_1、D_0 分别接逻辑开关，输出端 Q_3、Q_2、Q_1、Q_0 接实验设备的一个译码显示器的输入相应插口 A、B、C、D；$\overline{CO}$ 和 $\overline{BO}$ 接逻辑电平显示插口。按表 29-1 逐项测量并判断功能是否正常。

① 清除。

令 CR = 1，其他输入为任意态，这时 $Q_3Q_2Q_1Q_0$ = 0000，译码数字显示为 0。清除功能完成后，置 CR = 0。

② 置数。

令 CR = 0，CP_U、CP_D 为任意态，数据输入端输入任意一组二进制数，$\overline{LD}$ = 0，观测计数译码显示器的输出预置功能是否完成，此后置 $\overline{LD}$ = 1。

③ 加计数。

令 CR = 0，$\overline{LD}$ = CP_D = 1，CP_U 接单次脉冲源，清 0 后，送入 10 个单次脉冲，观测译码数字显示器是否按 8421 码十进制状态转换表工作，输出状态变化是否发生在 CP_U 的上升沿。

④ 减计数。

令 CR = 0，$\overline{LD}$ = CP_U = 1，CP_D 接单次脉冲源，参照③进行操作。

（3）按图 29-3，用两片 CC40192 组成两位十进制加法计数器，输入 1Hz 的连续计数脉冲，进行由 00 ~ 99 的累加计数，并记录数据。

（4）将两位十进制加法计数器改为两位十进制减法计数器，实现由 99 ~ 00 的递减计数，并记录数据。

（5）按图 29-4 电路进行实验，并记录数据。

（6）按图 29-5 或图 29-6 进行实验，并记录数据。

（7）设计一个 60 进制计数器并进行实验。

5. 实验预习要求

（1）复习有关计数器部分的内容。

（2）绘出各实验内容的详细线路图。

（3）画出各实验内容所需的测量记录表格。

（4）查手册，熟悉实验所用各集成电路的引脚排列图。

6. 实验报告

（1）画出实验线路图，记录、整理实验现象及实验所得的有关波形，对实验结果进行分析。

（2）总结使用集成计数器的体会。

实验 30　移位寄存器及其应用

1. 实验目的

（1）掌握中规模 4 位双向移位寄存器的逻辑功能及使用方法。

（2）熟悉移位寄存器的应用，即实现数据的串行、并行转换及构成环形计数器。

2. 实验原理

（1）移位寄存器是一个具有移位功能的寄存器，寄存器中的代码能够在移位脉冲的作用下依次左移或右移。既能左移又能右移的移位寄存器被称为双向移位寄存器。该寄存器只需改变左移、右移的控制信号便可实现双向移位要求。移位寄存器根据存取信息方式的不同可分为串入串出、串入并出、并入串出、并入并出四种形式。

本实验选用 4 位双向通用移位寄存器，型号为 CC40194 或 74LS194，两者功能相同，可互换使用，逻辑符号及引脚排列如图 30-1 所示。

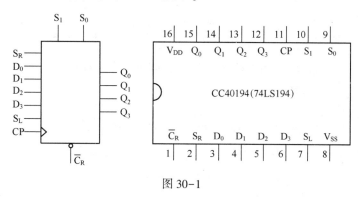

图 30-1

图中，D_0、D_1、D_2、D_3 为并行输入端；Q_0、Q_1、Q_2、Q_3 为并行输出端；S_R 为右移串行输入端；S_L 为左移串行输入端；S_1、S_0 为操作模式控制端；$\overline{C}_R$ 为直接无条件清 0 端；CP 为时钟脉冲输入端。

CC40194 有 5 种不同的操作模式，即并行置入、右移（方向由 $Q_0 \rightarrow Q_3$）、左移（方向由 $Q_3 \rightarrow Q_0$）、保持及清 0。

CC40194 的功能见表 30-1。

表 30-1　CC40194 的功能

功能	输　入										输　出			
	CP	$\overline{C}_R$	S_1	S_0	S_R	S_L	D_0	D_1	D_2	D_3	Q_0	Q_1	Q_2	Q_3
清除	×	0	×	×	×	×	×	×	×	×	0	0	0	0
送数	↑	1	1	1	×	×	a	b	c	d	a	b	c	d
右移	↑	1	0	1	D_{SR}	×	×	×	×	×	D_{SR}	Q_0	Q_1	Q_2
左移	↑	1	1	0	×	D_{SL}	×	×	×	×	Q_1	Q_2	Q_3	D_{SL}
保持	↑	1	0	0	×	×	×	×	×	×	Q_0^n	Q_1^n	Q_2^n	Q_3^n
保持	↓	1	×	×	×	×	×	×	×	×	Q_0^n	Q_1^n	Q_2^n	Q_3^n

（2）移位寄存器的应用很广，可构成移位寄存器型计数器、顺序脉冲发生器及串行累加器；可用作数据转换，即把串行数据转换为并行数据，或把并行数据转换为串行数据；等等。本实验研究将移位寄存器用作环形计数器和数据的串、并行转换。

① 环形计数器。

把移位寄存器的输出反馈到串行输入端就可以进行循环移位，如图 30-2 所示，把输出端 Q_3 和右移串行输入端 S_R 相连接，设初始状态 $Q_0Q_1Q_2Q_3 = 1000$，则在时钟脉冲的作用下，$Q_0Q_1Q_2Q_3$ 将依次变为 0100→0010→0001→1000→……，见表 30-2。它是一个具有四个有效状态的计数器。这种类型的计数器通常被称为环形计数器。图 30-2 可以由各个输出端输出在时间上有先后顺序的脉冲，因此也可作为顺序脉冲发生器。

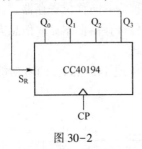

图 30-2

表 30-2

CP	Q_0	Q_1	Q_2	Q_3
0	1	0	0	0
1	0	1	0	0
2	0	0	1	0
3	0	0	0	1

如果将输出 Q_0 与左移串行输入端 S_L 相连接，即可实现左移循环移位。

② 实现数据串、并行转换。

a. 串行/并行转换器。

串行/并行转换是指串行输入的数码经转换电路后变换为并行输出。

图 30-3 是用两片 CC40194(74LS194) 四位双向移位寄存器组成的七位串行/并行转换器。

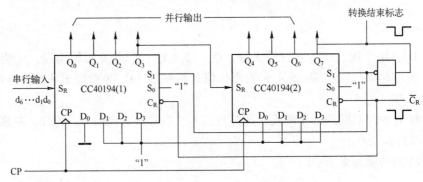

图 30-3

图中，S_0 端接高电平 1，S_1 端受 Q_7 端的控制，两片寄存器连接成串行输入右移工作模式。Q_7 端输出转换结束标志。当 $Q_7 = 1$ 时，S_1 为 0，成为 $S_1S_0 = 01$ 的串入右移工作方式；当 $Q_7 = 0$ 时，$S_1 = 1$，有 $S_1S_0 = 10$，则串行送数结束，标志着串行输入的数据已转换为并行输出。

串行/并行转换的具体过程如下。

转换前，$\overline{C_R}$ 端加低电平，使 1、2 两片寄存器清 0，此时 $S_1S_0 = 11$，寄存器执行并行输入工作方式。当第一个 CP 脉冲到来后，寄存器的输出状态 $Q_0 \sim Q_7$ 为 01111111，与此同时，S_1S_0 变为 01，转换电路变为执行串入右移工作方式，串行输入数据由 1 片的 S_R 端加入。随着 CP 脉冲的依次加入，输出状态的变化见表 30-3。

表 30-3

CP	Q_0	Q_1	Q_2	Q_3	Q_4	Q_5	Q_6	Q_7	说明
0	0	0	0	0	0	0	0	0	清0
1	0	1	1	1	1	1	1	1	送数
2	d_0	0	1	1	1	1	1	1	
3	d_1	d_0	0	1	1	1	1	1	
4	d_2	d_1	d_0	0	1	1	1	1	右移操作7次
5	d_3	d_2	d_1	d_0	0	1	1	1	
6	d_4	d_3	d_2	d_1	d_0	0	1	1	
7	d_5	d_4	d_3	d_2	d_1	d_0	0	1	
8	d_6	d_5	d_4	d_3	d_2	d_1	d_0	0	
9	0	1	1	1	1	1	1	1	送数

由表 30-3 可见，右移操作 7 次之后，Q_7 变为 0，S_1S_0 又变为 11，说明串行输入结束。这时，串行输入的数码已经转换为并行输出。

当再来一个 CP 脉冲时，电路又重新执行一次并行输入，为第二组串行数码转换做好准备。

b. 并行/串行转换器。

并行/串行转换器是指并行输入的数码经转换电路后变换为串行输出。

图 30-4 为用两片 CC40194（74LS194）组成的七位并行/串行转换器，比图 30-3 多了两个与非门 G_1 和 G_2，电路工作方式同样为右移。

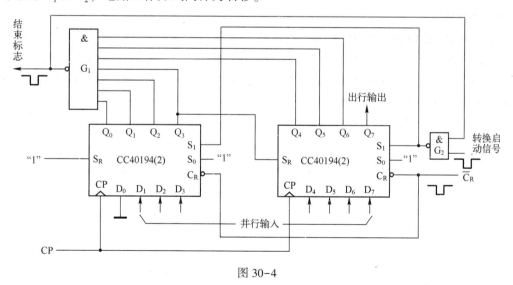

图 30-4

寄存器清 0 后，加一个转换启动信号（负脉冲或低电平）时，由于方式控制 S_1S_0 为 11，因此转换电路执行并行输入操作。当第一个 CP 脉冲到来后，$Q_0Q_1Q_2Q_3Q_4Q_5Q_6Q_7$ 的状态为 $0D_1D_2D_3D_4D_5D_6D_7$，并行输入数码存入寄存器，G_1 输出为 1，G_2 输出为 0，S_1S_2 变为 01，转换电路随着 CP 脉冲的加入，开始执行右移串行输出。随着 CP 脉冲的依次加入，输出状态依次右移，待右移操作 7 次后，$Q_0 \sim Q_6$ 的状态都为高电平 1，与非门 G_1 输出低电平，G_2 输出高电平，$S_1 S_2$ 又变为 11，表示并行/串行转换结束，且为第二次并行输入创造条件。转换过程见表 30-4。

表 30-4　转换过程

CP	Q_0	Q_1	Q_2	Q_3	Q_4	Q_5	Q_6	Q_7	串 行 输 出						
0	0	0	0	0	0	0	0	0							
1	0	d_1	d_2	d_3	d_4	d_5	d_6	d_7							
2	1	0	d_1	d_2	d_3	d_4	d_5	d_6	d_7						
3	1	1	0	d_1	d_2	d_3	d_4	d_5	d_6	d_7					
4	1	1	1	0	d_1	d_2	d_3	d_4	d_5	d_6	d_7				
5	1	1	1	1	0	d_1	d_2	d_3	d_4	d_5	d_6	d_7			
6	1	1	1	1	1	0	d_1	d_2	d_3	d_4	d_5	d_6	d_7		
7	1	1	1	1	1	1	0	d_1	d_2	d_3	d_4	d_5	d_6	d_7	
8	1	1	1	1	1	1	1	0	d_1	d_2	d_3	d_4	d_5	d_6	d_7
9	0	d_1	d_2	d_3	d_4	d_5	d_6	d_7							

中规模集成移位寄存器的位数往往以 4 位居多，当需要的位数多于 4 位时，可通过级联几片移位寄存器的方法扩展位数。

3. 实验设备与元器件

（1）+5V 直流电源。　　　　　　　　（2）单次脉冲源。

（3）逻辑电平开关。　　　　　　　　（4）逻辑电平显示器。

（5）移位寄存器 CC40194×2（74LS194）、CC4011（74LS00）、CC4068（74LS30）。

4. 实验内容

（1）测量 CC40194（或 74LS194）的逻辑功能

按如图 30-5 所示接线，$\overline{C_R}$、S_1、S_0、S_L、S_R、D_0、D_1、D_2、D_3 端分别接至逻辑开关输出插口，Q_0、Q_1、Q_2、Q_3 端接至逻辑电平显示插口，CP 端接单次脉冲源，按表 30-5 规定的输入状态逐项进行测量。

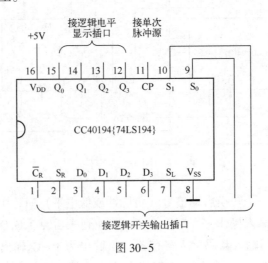

图 30-5

表 30-5

清　　除	模　　式		时　　钟	串　　行		输　　入	输　　出	功 能 总 结
$\overline{C}_R$	S_1	S_0	CP	S_L	S_R	$D_0 D_1 D_2 D_3$	$Q_0\ Q_1\ Q_2\ Q_3$	
0	×	×	×	×	×	× × × ×		
1	1	1	↑	×	×	a b c d		
1	0	1	↑	×	0	× × × ×		
1	0	1	↑	×	1	× × × ×		
1	0	1	↑	×	0	× × × ×		
1	0	1	↑	×	0	× × × ×		
1	1	0	↑	1	×	× × × ×		
1	1	0	↑	1	×	× × × ×		
1	1	0	↑	1	×	× × × ×		
1	1	0	↑	1	×	× × × ×		
1	0	0	↑	×	×	× × × ×		

① 清除：令 $\overline{C}_R = 0$，其他输入均为任意态，寄存器输出端 Q_0、Q_1、Q_2、Q_3 均应为 0。清除后，置 $\overline{C}_R = 1$。

② 送数：令 $\overline{C}_R = S_1 = S_0 = 1$，送入任意 4 位二进制数，如 $D_0 D_1 D_2 D_3 = abcd$，加 CP 脉冲，观测 CP = 0、CP 由 0→1、CP 由 1→0 三种情况下寄存器输出状态的变化，寄存器输出状态的变化是否发生在 CP 脉冲的上升沿。

③ 右移：清 0 后，令 $\overline{C}_R = 1$，$S_1 = 0$，$S_0 = 1$，由右移输入端 S_R 送入二进制数码，如 0100，由 CP 端连续加 4 个脉冲，观测寄存器的输出状态，并记录数据。

④ 左移：先清 0 或预置，再令 $\overline{C}_R = 1$，$S_1 = 1$，$S_0 = 0$，由左移输入端 S_L 送入二进制数码，如 1111，连续加 4 个 CP 脉冲，观测寄存器的输出状态，并记录数据。

⑤ 保持：寄存器预置任意 4 位二进制数码 abcd，令 $\overline{C}_R = 1$，$S_1 = S_0 = 0$，加 CP 脉冲，观测寄存器的输出状态，并记录数据。

（2）环形计数器

自拟实验线路，用并行送数法预置寄存器为某二进制数码（如 0100）后进行右移循环，观测寄存器的输出状态，将数据记录在表 30-6 中。

表 30-6

CP	Q_0	Q_1	Q_2	Q_3
0	0	1	0	0
1				
2				
3				
4				

（3）实现数据的串行、并行转换

① 串行输入、并行输出。

按图 30-3 接线后，进行右移串入、并出实验，串入数码自定；改接线路，用左移方式实现并行输出。自拟表格，并记录数据。

② 并行输入、串行输出。

按图 30-4 接线后，进行右移并入、串出实验，并入数码自定；改接线路后，用左移方式实现串行输出。自拟表格，并记录数据。

5. 实验预习要求

（1）复习有关寄存器及串行、并行转换器的有关内容。

（2）查阅 CC40194、CC4011 及 CC4068 逻辑线路，熟悉逻辑功能和引脚排列。

（3）在对 CC40194 进行送数后，若要使输出端改成另外的数码，则是否一定要使寄存器清 0？

（4）使寄存器清 0，除采用 $\overline{C_R}$ 输入低电平外，可否采用右移或左移的方法？可否使用并行送数法？若可行，则如何操作？

（5）若进行循环左移，则图 30-4 的接线应如何改接？

（6）画出用两片 CC40194 构成的七位左移串行/并行转换器线路。

（7）画出用两片 CC40194 构成的七位左移并行/串行转换器线路。

6. 实验报告

（1）分析表 30-4 中的实验结果，总结移位寄存器 CC40194 的逻辑功能并填写在表 30-5 中的"功能总结"一栏中。

（2）根据实验内容（2）的结果，画出 4 位环形计数器的状态转换图和波形图。

（3）分析串行/并行、并行/串行转换器所得结果的正确性。

实验 31　555 型集成时基电路及其应用

1. 实验目的

（1）熟悉 555 型集成时基电路的结构、工作原理及特点。

（2）掌握 555 型集成时基电路的基本应用。

2. 实验原理

集成时基电路又称集成定时器或 555 电路，是一种数字、模拟混合型的中规模集成电路，应用十分广泛，能够产生时间延迟和多种脉冲信号，由于内部为产生标准电压使用三个 5kΩ 的电阻，故取名 555 电路。其电路类型有双极型和 CMOS 型两大类。二者的结构与工作原理类似。几乎所有双极型产品型号最后的三位数字都是 555 或 556；所有的 CMOS 产品型号最后四位数字都是 7555 或 7556。二者的逻辑功能和引脚排列完全相同，易于互换。555 和 7555 是单定时器。556 和 7556 是双定时器。双极型的电源电压为 +5～+15V，输出的最大电流可达 200mA；CMOS 型的电源电压为 +3～+18V。

（1）555 电路的工作原理

555 电路的内部方框图及引脚排列如图 31-1 所示。它含有两个电压比较器、一个基本 RS 触发器、一个放电开关管 T。电压比较器的参考电压由三个 5kΩ 电阻构成的分压器提供，可分别使高电平比较器 A_1 的同相输入端和低电平比较器 A_2 的反相输入端的参考电平

为 $\frac{2}{3}U_{\text{CC}}$ 和 $\frac{1}{3}U_{\text{CC}}$。A_1 和 A_2 的输出端控制 RS 触发器的状态和放电开关管的状态。当输入信号

从 6 脚输入，且输入电压超过参考电压 $\frac{2}{3}U_{\text{CC}}$ 时，RS 触发器复位，555 电路的输出端 3 脚输

出低电平，同时放电开关管导通；当输入信号从 2 脚输入，且输入电压低于 $\frac{1}{3}U_{\text{CC}}$ 时，RS 触

发器置位，555 电路的输出端 3 脚输出高电平，放电开关管截止。

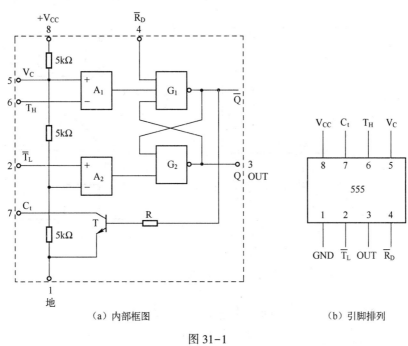

（a）内部框图　　　　　　　　　　（b）引脚排列

图 31-1

$\overline{R_D}$ 为复位端（4 脚），当 $\overline{R_D}=0$ 时，555 电路输出低电平。平时，$\overline{R_D}$ 端开路或接 V_{CC}。

V_C 为控制电压端（5 脚），平时输出 $\frac{2}{3}U_{\text{CC}}$ 作为比较器 A_1 的参考电平，当 5 脚外接一个

输入电压，即改变了比较器 A_1 的参考电平时，可实现对输出的另一种控制，在不接外加输

入电压时，通常接一个 0.01μF 的电容器到地，起滤波作用，以消除外来干扰，确保参考电

平的稳定。

T 为放电开关管，导通时，将给接在 7 脚的电容器提供低阻放电通路。

555 电路主要与电阻、电容构成充、放电电路，并用两个比较器检测电容器上的电压，

以确定输出电平的高、低和放电开关管的通、断，可以很方便地构成从微秒到数十分钟的延

时电路、单稳态触发器、多谐振荡器及施密特触发器等脉冲产生或波形变换电路。

（2）555 电路的典型应用

① 构成单稳态触发器。

图 31-2 为由 555 电路和外接定时元器件 R、C 构成的单稳态触发器。触发电路由 C_1、

R_1、VD 构成。其中，VD 为钳位二极管，稳态时，555 电路的输入端为电源电压，内部放电

开关管 T 导通，输出端 F 输出低电平，当外部负脉冲触发信号经 C_1 加到 2 脚，并使 2 脚电

压瞬时低于 $\frac{1}{3}U_{CC}$ 时，低电平比较器动作，单稳态触发器开始一个暂态过程，电容 C 开始充

电，U_C 按指数规律增长。当 U_C 充电到 $\frac{2}{3}U_{CC}$ 时，高电平比较器动作，比较器 A_1 翻转，输出

U_o 从高电平返回到低电平，放电开关管 T 重新导通，电容 C 上的电荷很快经放电开关管放

电，暂态结束，恢复稳态，为下一个触发脉冲的到来做好准备。单稳态触发器的波形图如

图 31-2（b）所示。

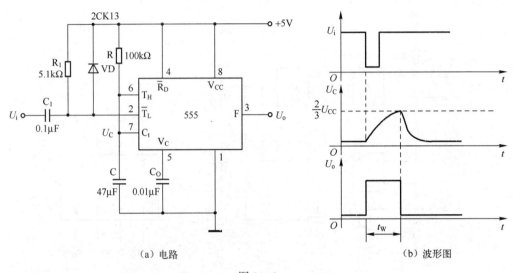

| （a）电路 | （b）波形图 |

图 31-2

暂稳态的持续时间 t_W（延时时间）决定于外接元器件 R、C 值的大小。

$$t_W = 1.1RC$$

通过改变 R、C 的大小，可使延时时间在几个微秒到几十分钟之间变化。当这种单稳态

电路作为计时器时，可直接驱动小型继电器，并可以使用复位端（4 脚）接地的方法中止暂

态，重新计时。此外，还需要一个续流二极管与继电器线圈并接，以防继电器线圈反电势损

坏内部功率管。

② 构成多谐振荡器。

图 31-3 为由 555 电路与外接元器件 R_1、R_2、C 构成的多谐振荡器，2 脚和 6 脚直接相

连。电路没有稳态，仅存在两个暂稳态，也不需要外加触发信号，利用电源通过 R_1、R_2 向

C 充电，C 通过 R_2 向放电端 C_t 放电使电路产生振荡。电容 C 在 $\frac{1}{3}U_{CC}$ 和 $\frac{2}{3}U_{CC}$ 之间充电和放

电。多谐振荡器的波形图如图 31-3（b）所示。输出信号的时间参数为

$$T = t_{W1} + t_{W2}, \ t_{W1} = 0.7(R_1 + R_2)C, \ t_{W2} = 0.7R_2C$$

555 电路要求 R_1 和 R_2 的阻值均应大于或等于 $1k\Omega$，但 $R_1 + R_2$ 应小于或等于 $3.3M\Omega$。

外部元器件的稳定性决定了多谐振荡器的稳定性。555 电路配以少量的元器件即可获得

较高精度的振荡频率和较强的功率输出能力。因此，这种形式的多谐振荡器应用很广。

③ 组成占空比可调的多谐振荡器。

占空比可调的多谐振荡器如图 31-4 所示。它比如图 31-3 所示电路增加了一个电位器

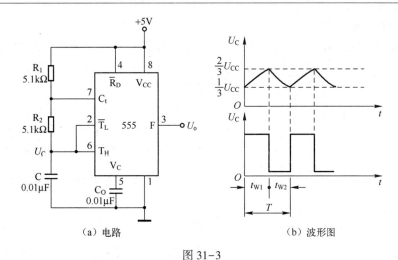

（a）电路　　　　　　　　　（b）波形图

图 31-3

和两个导引二极管 VD_1、VD_2，用来决定电容充、放电电流流经电阻的途径（充电时，VD_1 导通，VD_2 截止；放电时，VD_2 导通，VD_1 截止）。

占空比：$P = \dfrac{t_{W1}}{t_{W1}+t_{W2}} \approx \dfrac{0.7R_A C}{0.7C(R_A+R_B)} = \dfrac{R_A}{R_A+R_B}$

可见，若 $R_A = R_B$，则电路即可输出占空比为 50% 的方波信号。

④ 组成占空比连续可调并能调节振荡频率的多谐振荡器。

占空比与频率均可调的多谐振荡器如图 31-5 所示。对 C_1 充电时，充电电流通过 R_1、VD_1、R_{W2} 和 R_{W1}；放电时，放电电流通过 R_{W1}、R_{W2}、VD_2、R_2。当 $R_1 = R_2$、R_{W2} 调至中心点时，因充、放电时间基本相等，故占空比约为 50%。此时，调节 R_{W1} 的阻值仅可改变频率，占空比不变。如将 R_{W2} 调至偏离中心点后，再调节 R_{W1} 的阻值，则不仅使振荡频率改变，而且对占空比也有影响。R_{W1} 的阻值不变，调节 R_{W2} 的阻值，仅可改变占空比，对频率无影响。因此，当接通电源后，应首先调节 R_{W1} 的阻值使频率至规定值，再调节 R_{W2} 的阻值，以获得需要的占空比。若频率调节的范围比较大，则还可以用波段开关改变 C_1 的值。

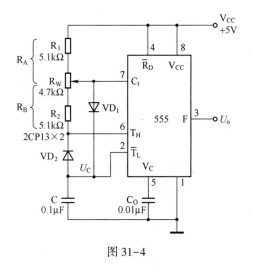

图 31-4

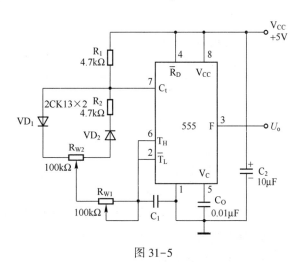

图 31-5

⑤ 组成施密特触发器。

施密特触发器如图 31-6 所示。只要将 2 脚、6 脚连在一起作为信号的输入端，就可得到施密特触发器。图 31-7 示出了 U_S、U_i 和 U_o 的波形图。

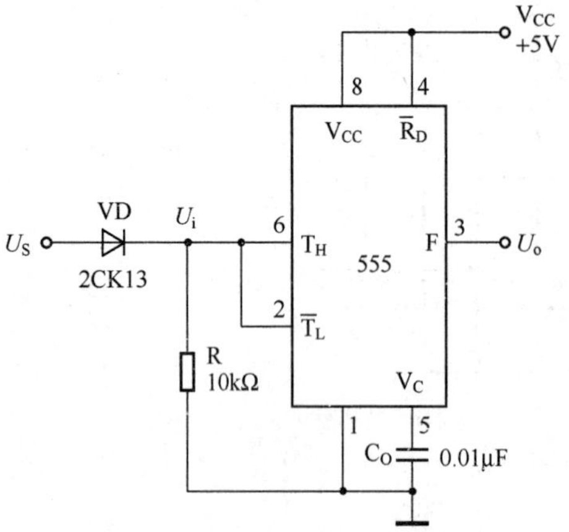

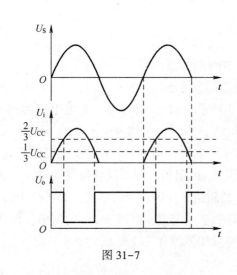

图 31-6

设被整形变换的电压为正弦波 U_S。其正半波通过二极管 VD 后，同时加到 555 电路的 2 脚和 6 脚，得到 U_i 为半波整流波形。当 U_i 上升到 $\frac{2}{3}U_{CC}$ 时，U_o 从高电平翻转为低电平；当 U_i 下降到 $\frac{1}{3}U_{CC}$ 时，U_o 又从低电平翻转为高电平。施密特触发器的电压传输特性如图 31-8 所示。

回差电压

$$\Delta U = \frac{2}{3}U_{CC} - \frac{1}{3}U_{CC} = \frac{1}{3}U_{CC}$$

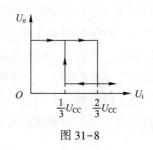

图 31-7

图 31-8

3. 实验设备与元器件

（1）+5V 直流稳压电源。

（2）双踪示波器。

（3）单次脉冲源。

（4）连续脉冲源。

（5）音频信号源。

（6）数字频率计。

（7）逻辑电平显示器。

（8）555X2，2CK13X2，电位器、电阻、电容若干。

4. 实验内容

（1）单稳态触发器

① 按图 31-2 连线，令 $R = 100\text{k}\Omega$，$C = 47\mu\text{F}$，输入信号 U_i 由单次脉冲源提供，用双踪示波器观测 U_i、U_c、U_o 的波形，测量幅度和暂稳态时间。

② 将 R 改为 $1\text{k}\Omega$，C 改为 $0.1\mu\text{F}$，输入端加 1kHz 的连续脉冲，观测波形 U_i、U_C、U_o，测量幅度和暂稳态时间。

（2）多谐振荡器

① 按图 31-3 接线，用双踪示波器观测 U_c 和 U_o 的波形，测量频率。

② 按图 31-4 接线，组成占空比为 50% 的方波信号发生器，观测 U_c、U_o 的波形，测量波形参数。

③ 按图 31-5 接线，通过调节 R_{W1} 和 R_{W2} 的阻值观测输出波形。

（3）施密特触发器

按图 31-6 接线，输入信号由音频信号源提供，预先调好 U_S 的频率为 1kHz，接通电源，逐渐加大 U_S 的幅度，观测输出波形，测绘电压传输特性，算出回差电压 ΔU。

（4）模拟声响电路

按如图 31-9 所示接线，组成两个多谐振荡器，调节定时元器件，使 I 输出较低频率，II 输出较高频率，连好线后，接通电源，试听音响效果。调换外接阻容元器件后，再试听音响效果。

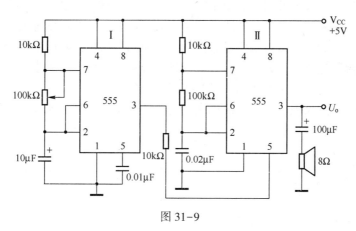

图 31-9

5. 实验预习要求

（1）复习有关 555 电路的工作原理及其应用。

（2）拟定实验中所需的数据、表格等。

（3）如何用双踪示波器测量施密特触发器的电压传输特性曲线？

（4）拟定各次实验的步骤和方法。

6. 实验报告

（1）绘出详细的实验线路图，定量绘出观测到的波形。

（2）分析、总结实验结果。

第4篇 电工技术（2）（高自教仪）

实验32 测量误差的分析计算

1. 实验目的

（1）掌握仪表内阻在测量中产生的误差及分析方法。

（2）了解在直流测量中减小误差的措施和适用范围。

（3）进一步熟悉直流仪表的使用方法。

2. 原理说明

测量误差可分为系统误差和随机误差。系统误差又可分为基本误差、附加误差及方法误差。对一个已被确定的仪表及仪表的使用环境而言，方法误差是影响测量结果的主要因素。尤其对一个结构欠完善的仪表，其方法误差可远大于仪表本身的精度等级。

在方法误差中，造成测量结果质量极低的主要原因是仪表内阻产生的分流效应和分压效应。在简单的直流测量场合，方法误差可通过理论分析和计算方法减小，在复杂的电路测量或交流电路测量中，这种方法的实用性极为有限。

本实验采用不同的仪表，通过对简单测量电路的分析、计算，比较方法误差对测量结果的影响。

3. 实验设备与元器件

（1）直流电压表（0~500V）。

（2）直流电流表（0~5A）。

（3）可调直流稳压电源（0~25V/1A）。

（4）电阻箱（D01模块）。

（5）直流电路实验单元（D02模块）。

4. 实验内容

（1）验证欧姆定律

直流电压表测量选定的量程为2V，如图32-1所示。直流电压表的测量精度按 E_U $\left(0.3\%+0.2\%\dfrac{A_m}{A_X}\right)$ 计算。

由欧姆定律可知，流过电阻R的电流为

$$I=\frac{U}{R}=\frac{200\times10^{-3}}{100}=2\times10^{-3}(\text{A})=2\text{mA}$$

最大相对误差为

$$E_1=\pm(\mid E_U\mid+\mid E_R\mid)=\pm(2.3\%+1\%)=\pm3.3\%$$

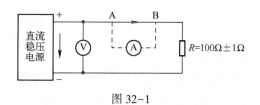

图 32-1

实验步骤：

① 在 A、B 两点不接直流电流表，调节直流稳压电源的输出电压 $U = 200\text{mV}$。

② 在 A、B 两点接入 ZVA-1 型直流电流表，量程选为 2mA，读出实测的电流值，计算电流值的相对误差和最大相对误差并进行比较。

（2）验证基尔霍夫电流定律

验证电路如图 32-2 所示。

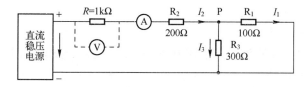

图 32-2

实验步骤：

① 令 $R_1 = 100\Omega$，$R_2 = 200\Omega$，$R_3 = 300\Omega$，电阻器的精度均为 1.0 级，使用 D02 元器件板或电阻网络、双口网络 B 中的元器件，如图 32-3 所示。

$R = 1\text{k}\Omega$，可用任意精度的电阻器。

② 接好线路，选择 ZVA-1 型直流电流表 A 的量程为 2mA，调节直流稳压电源使 $I_2 = 2\text{mA}$，记录 V 和 A 的读数。

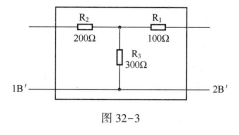

图 32-3

③ 保持 $I_2 = 2\text{mA}$，即在保持 V 读数不变的情况下，将 A 分别接至 R_1 和 R_3 支路，测量 I_1 和 I_3。

④ 如果不计直流电流表的读数误差，则电路节点 P 应有

$$I_2 = I_1 + I_3$$

绝对误差为

$$\Delta = I_2 - (I_1 + I_3)$$

相对误差为

$$E = \frac{\Delta}{I_2} \times 100\%$$

⑤ 用一般的数字直流电流表或 ZVA-1 型直流电流表串联 100Ω 电阻后形成的模拟数字直流电流表测量 I_1' 和 I_3'（I_2 保持不变）。

绝对误差为

$$\Delta' = I_2 - (I_1' + I_3')$$

相对误差为

$$E' = \frac{\Delta'}{I_2} \times 100\%$$

（3）方法误差的补偿实验测量（选做）

在如图32-4所示中，如需要测量A、B两点短路时的电流I，则由于接入有高内阻的直流电流表，因此会对原电路的状态产生较大的方法误差，为减小方法误差，可采用具有不同内阻的直流电流表进行两次测量，再通过适当的运算求出电路原来的实际电流。

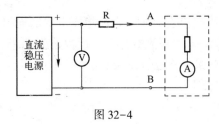

图32-4

实验步骤：

① 将ZVA-1型低内阻直流电流表串联$R_{A_1} = 20\Omega$ 或 $R_{A_2} = 200\Omega$ 后，模拟成两种高内阻的电流表分别接入测量电路。

② 令$R = 500\Omega$，U 调至1.000V，则A、B两点短路时的$I = \frac{U}{R} = 2mA$。

当$R_{A_1} = 20\Omega$ 的直流电流表接入A、B两点时，显示电流$I_1 = \frac{U}{R + R_{A_1}}$。

当$R_{A_2} = 200\Omega$ 的直流电流表接入A、B两点时，显示电流$I_2 = \frac{U}{R + R_{A_2}}$。

由两式可得

$$I' = \frac{U}{R} = \frac{I_1 I_2 (R_{A_2} - R_{A_1})}{I_2 R_{A_2} - I_1 R_{A_1}}$$

$$\Delta = I - I'$$

$$E = \frac{\Delta}{I} \times 100\%$$

由实验电路可知，为减小由直流电流表内阻产生的方法误差需经两次测量和多次运算，如按误差理论计算时，E 会明显增加，对于复杂电路会更加明显。因此，减小方法误差的根本途径是选择低内阻的直流电流表。

5. 实验注意事项

（1）在实验时，直流电流表应串接在电路中，直流电压表应并接在被测元器件上，极性切勿接错。

（2）直流稳压电源的输出应由小至大逐渐增加，输出端切勿短路。

（3）使用仪表时，应按照实验要求选择合适的量程。

6. 预习思考题

直流电压表和直流电流表的内阻会对实验的结果产生什么样的影响？

7. 实验报告

计算各个实验内容的测量结果，并对结果进行分析，分析误差产生的原因？该如何减小误差对实验结果造成的影响？

实验 33　测量电路基本元器件的伏安特性

1. 实验目的

（1）掌握几种元器件伏安特性的测量方法。

（2）掌握实际使用电压源和电流源的调节方法。

（3）学习常用直流电工仪表和设备的使用方法。

2. 原理说明

（1）在电路中，电路元器件的特性一般用该元器件两端的电压 U 与通过该元器件的电流 I 的函数关系 $U=f(I)$ 来表示。这种函数关系被称为该元器件的伏安特性，有时也被称为外特性。电源的外特性是指输出电压与输出电流之间的关系。通常，伏安特性分别用 U 和 I 作为纵坐标和横坐标绘成曲线，被称为伏安特性曲线或外特性曲线。

（2）本实验所用的元器件为线性电阻、白炽灯、整流二极管及稳压二极管等。其中，线性电阻的伏安特性是一条通过原点的直线，如图 33-1（a）所示。该直线的斜率等于该线性电阻的阻值。在工作时，白炽灯的灯丝处于高温状态，灯丝的阻值随温度的改变而改变，具有一定的惯性，又因为温度的改变与流过的电流有关，所以白炽灯的伏安特性为一条曲线，如图 33-1（b）所示。由图可见，电流越大，温度越高，对应的阻值也越大。一般白炽灯的"冷电阻"与"热电阻"可相差几倍至十几倍。整流二极管是非线性元器件，正向运用时的外特性如图 33-1（c）所示。稳压二极管是一种特殊的半导体器件。其正向伏安特性类似普通

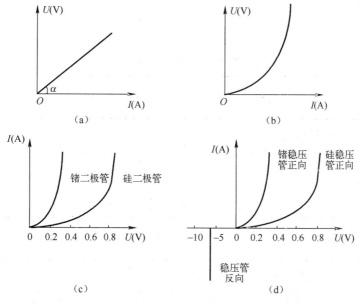

图 33-1

的二极管，反向伏安特性则较特别，如图33-1（d）所示。在反向电压开始增加时，其反向电流几乎为零，当电压增加到某一数值时（一般称其为稳定电压），电流突然增加，之后，端电压维持恒定，不再随外加电压的升高而增加。这种特性在电子设备中有广泛的应用。

3. 实验设备与元器件

（1）可调直流稳压电源（0~25V/1A）。

（2）可调直流恒流源（0~200mA）。

（3）直流电压表（0~500V）。

（4）直流电流表（0~5A）。

（5）万用表（指针式或数字式）。

（6）二极管（IN4007）。

（7）稳压管（2CW51）。

（8）白炽灯（12V,0.1A）。

（9）线性电阻器（阻值由实验内容而定）。

4. 实验内容

（1）测量线性电阻 R 的伏安特性

按如图33-2（a）所示接线，调节直流稳压电源的输出电压，使电路中的电流改变，测量通过电阻 R 的电流和相应的电压，将测量数据填入表33-1中（注意，流过 R 的电流应为直流电流表的读数减去流过直流电压表的电流）。流过直流电压表的电流可根据标明的电压灵敏度进行计算。

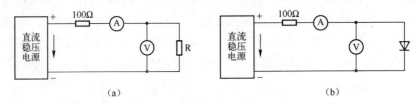

图 33-2

表 33-1　线性电阻 R 的伏安特性

I(mA)					
U(V)					

（2）测量白炽灯的伏安特性

将图33-2（a）中的电阻换成白炽灯，重复（1）的操作，即可测量白炽灯两端的电压及相应的电流，将测量数据记录在表33-2中。

表 33-2　白炽灯的伏安特性

I(mA)					
U(V)					

（3）测量二极管的伏安特性

按如图33-2（b）所示接线，调节直流稳压电源的输出电压，记录二极管相对应的电压和电流值，将数据记录在表33-3中。

表 33-3　二极管的正向伏安特性

$I(\text{mA})$						
$U(\text{V})$						

（4）测量稳压二极管的反向伏安特性

将图 33-2（b）中的二极管换成稳压二极管，重复（3）的操作，将测量数据记录在表 33-4 中。

表 33-4　稳压二极管的反向伏安特性

$I(\text{mA})$						
$U(\text{V})$						

5. 实验注意事项

（1）在实验时，直流电流表应串接在电路中，直流电压表应并接在被测元器件上，极性切勿接错。

（2）合理选择量程，切勿使仪表超过量程。

（3）直流稳压电源的输出电压应由小至大逐渐增加，在输出端切勿碰线短路。

6. 预习思考题

（1）线性电阻器和非线性电阻器的概念是什么？电阻器与二极管的伏安特性有何区别？

（2）用直流电压表和直流电流表测量元器件的伏安特性时，直流电压表可接在直流电流表之前或之后，在理论上对测量误差有何影响？在实际测量时应根据什么原则进行选择？

（3）稳压二极管与普通二极管有何区别？用途如何？

7. 实验报告

（1）根据各次实验测得的数据，在坐标纸上分别绘出各元器件的伏安特性曲线（其中，二极管和稳压二极管的正、反向特性均要求画在同一张图中，正、反向电压可取不同的比例尺）。

（2）根据实验结果，总结、归纳各被测元器件的伏安特性。

（3）在报告中要做实验数据的处理并进行分析。

实验 34　验证基尔霍夫定律和叠加原理

1. 实验目的

（1）加深对基尔霍夫定律和叠加原理的理解。

（2）熟练掌握直流仪表的使用技术及测量方法。

（3）学会用直流电流表的插头、插座测量各支路电流。

（4）通过实验验证线性电路的叠加原理及适用范围。

2. 原理说明

基尔霍夫定律是电路理论中的最基本定律之一。它阐明了电路整体结构必须遵守的规律，应用极为广泛。

基尔霍夫定律包含电流定律和电压定律。

（1）基尔霍夫电流定律

基尔霍夫电流定律（KCL）：在任一时刻，流入电路任一节点的电流总和等于从该节点流出的电流总和。换句话说，就是在任一时刻，流入电路任一节点的电流代数和为零。这一定律实质上是电流连续性的表现。在运用这条定律时，必须注意电流的方向，如果不知道电流的真实方向，则可以先假设电流的正方向，也称参考方向，根据参考方向就可以写出基尔霍夫电流定律的表达式。图 34-1 为电路中的某一节点 N 由 5 条支路形成，电流的参考方向如图中所示，根据基尔霍夫电流定律可得

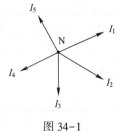

图 34-1

$$I_1 + I_2 + I_3 + I_4 + I_5 = 0$$

如果把基尔霍夫电流定律写成一般的形式就是 $\sum I = 0$。显然，这条定律与各支路连接的元器件无关。不论是线性电路还是非线性电路，都符合这条定律。

也可以把电流定律推广运用在电路中任一假设的封闭面，如图 34-2 所示。封闭面 S 包围的电路有三条支路，与电路其余部分相连接的电流为 I_1、I_2、I_3，则 $I_1 + I_2 - I_3 = 0$。对任一封闭面来说，电流仍然是连续的。

（2）基尔霍夫电压定律

基尔霍夫电压定律（KVL）：在任一时刻，闭合回路电压降的代数和总等于零。把这条定律写成一般的形式为 $\sum U = 0$。在如图 34-3 所示的闭合回路中，电阻两端电压的参考正方向如箭头所示，如果从节点 a 出发，则顺时针方向绕行一周又回到 a 点，便可写出

$$U_1 + U_2 + U_3 - U_4 - U_5 = 0$$

显然，基尔霍夫电压定律与闭合回路中元器件的性质无关。不论是线性电路还是非线性电路，都符合这条定律。

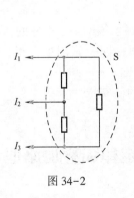

图 34-2

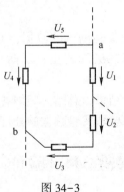

图 34-3

（3）叠加原理

叠加原理：当几个电动势在某线性网络中共同作用时，也可以看作是几个电流源共同作用，或电动势和电流源混合共同作用。它们在电路中任一支路产生的电流或在任意两点间产生的电压降，等于电动势或电流源分别单独作用时，在该部分产生的电流或电压降的代数和。这一结论被称为线性电路的叠加原理。如果网络是非线性的，则叠加原理不适用。

本实验先采用电压源和电流源分别单独作用，测量各点间的电压和各支路的电流，再采用电压源和电流源共同作用，测量各点间的电压和各支路的电流，验证是否满足叠加原理。

3. 实验设备与元器件

（1）可调直流稳压电源（0~25V）。

（2）可调直流恒流源（0～200mA）。

（3）直流电压表（0～500V）。

（4）直流电流表（0～5A）。

（5）基尔霍夫定律、叠加原理实验电路板（D02）。

4. 实验内容

（1）验证基尔霍夫定律

采用如图34-4所示实验线路验证基尔霍夫电压定律和电流定律。

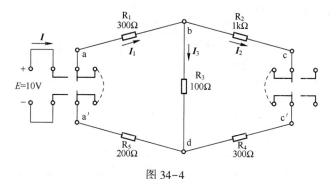

图 34-4

　　图中，$E=10V$ 为实验台上的直流稳压电源输出电压。在实验中，调节直流稳压电源的输出电压后保持不变，R_1、R_2、R_3、R_4、R_5 为固定电阻，精度为 1.0 级；各支路电流和总电流用直流电流表测量；在接线时，每条支路可串联连接一个直流电流表的插口；测量电流时，只要把直流电流表所连接的插头插入即可读数，但要注意插头连接时的极性，插口一侧有红点标记的与插头红线对应，将数据记录在表 34-1 中。

表 34-1

实验内容	支路电流		
	I_1（A）	I_2（A）	I_3（A）
计算值			
测量值			

（2）验证叠加原理

① 按如图34-5所示接线，先不加 I_S，调节 $E_1=10V$、$E_2=5V$。

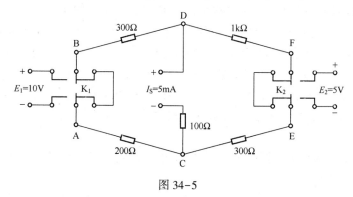

图 34-5

② 在 E_1 单独作用时，K_1 接通电源，K_2 倒向短路侧，测量各点电压，注意测量值的符号，将数据记录在表 34-2 中。

③ 在 E_2 单独作用时，K_2 接通电源，K_1 倒向短路侧，测量各点电压，注意测量值的符号，将数据记录在表 34-2 中。

④ 在 I_S 单独作用时，K_1、K_2 都倒向短路侧，将电流源 I_S 经直流电流表调至 5mA，接入电路正、负极端口，测量各点电压，注意测量值的符号，将数据记录在表 34-2 中。

⑤ 在 E_1、E_2、I_S 共同作用时，将 K_1、K_2 都接通电源，测量各点电压，注意测量值的符号，将数据记录在表 34-2 中。

表 34-2

实 验 项 目	电 压				
	$U_{AC}(V)$	$U_{CE}(V)$	$U_{BD}(V)$	$U_{DF}(V)$	$U_{CD}(V)$
E_1 单独作用					
E_2 单独作用					
I_S 单独作用					
E_1、E_2、I_S 共同作用					
理论计算值					
绝对误差					
相对误差					

5. 实验注意事项

（1）防止直流稳压电源两个输出端碰线短路。

（2）用直流电流表的插头测量各支路电流时，或者用直流电压表测量电压时，应注意仪表的极性，正确判断测得值的+、-后，再记入数据表格中。

（3）所有需要测量的电压均以直流电压表测量的读数为准。E_1、E_2 也需测量，不应取电源本身的显示值。

（4）用数字电压表或电流表测量时，读取电压或电流的正、负应根据设定的电流参考方向来判断。

（5）注意在实验电路中串联直流电流表插座的正确使用。

（6）在实验过程中，应注意及时更换仪表的量程，以减小数据的测量误差。

6. 预习思考题

（1）与 I_S 串联的 100Ω 电阻改成 200Ω 后，对测量结果有何影响？

（2）如直流稳压电源含有不可忽略的内电阻和内电导，则在实验中应如何处理？

（3）根据图 34-4 的电路参数，计算待测电流 I_1、I_2、I_3、I_4、I_5 和各电阻上的电压，记录在表格中，以便在实验时，可正确地选择电流表和电压表的量程。

（4）在实验中，若用指针式万用表直流毫安挡测量各支路电流，则在什么情况下可能出现指针反偏？应如何处理？在记录数据时应注意什么？若用直流数字毫安表进行测量，则会有什么显示？

（5）在叠加原理实验中，要令 E_1、E_2 分别单独作用，应如何操作？可否直接将不作用的电源（E_1 或 E_2）短接置零？

（6）在实验电路中，若将一个电阻器改为二极管，试问叠加原理的叠加性和齐次性还成立吗？为什么？

7. 实验报告

（1）完成实验测量、数据列表。

（2）根据基尔霍夫定律和电路参数计算各支路的电流和电压。

（3）将计算结果与实验测量的结果进行比较，说明产生误差的原因。

（4）在报告中要做实验数据的处理并进行分析。

（5）可选做含非线性元器件的电路验证是否符合叠加原理（如将电路中的 $1k\Omega$ 电阻换成一个稳压管）。

实验 35　验证戴维南定理和诺顿定理

1. 实验目的

（1）用实验验证戴维南定理和诺顿定理。

（2）用实验验证电压源与电流源相互进行等效转换的条件。

（3）进一步学习常用直流仪表的使用方法。

2. 原理说明

（1）戴维南定理

任何一个线性网络，如果只研究其中一条支路的电压和电流，则可将电路的其余部分看作一个含源一端口网络，而任何一个线性含源一端口网络对外部电路的作用，可用一个等效电压源来代替。该电压源的电动势 E_s 等于含源一端口网络的开路电压 U_s。其等效内阻 R_s 等于含源一端口网络中，在各电源均为零时（电压源短接，电流源断开），无源一端口网络的输入端电阻 R_0。这个结论就是戴维南定理。

（2）诺顿定理

如果用等效电流源来代替，则等效电流 I_s 等于含源一端口网络的短路电流 I_d。其等效内电导等于含源一端口网络在各电源均为零时，无源一端口网络的输入端电导。这个结论就是诺顿定理。

本实验采用如图 35-1 所示的线性电阻网络验证以上两个定理。

3. 实验设备与元器件

（1）可调直流稳压电源（0~25V）。

（2）可调直流恒流源（0~200mA）。

（3）直流电压表（0~500V）。

（4）直流电流表（0~5A）。

（5）可调变阻箱，模块 D01（0~900Ω）。

（6）戴维南定理实验电路板（模块 D02）。

4. 实验内容

（1）负载实验

按如图 35-1 所示接线，改变变阻箱的阻值 R，测量有源二端网络的外特性曲线，即测量

U_{AB} 和 I_R 的数值，特别注意要测量在 $R=\infty$ 和 $R=0$ 时的电压和电流，将数据记录在表 35-1 中。

表 35-1

$R(\Omega)$	0									∞
$U_{AB}(V)$										
$I_R(mA)$										

（2）验证戴维南定理

调节变阻箱的电阻为 R_{AB}，将直流稳压电源的输出电压调为 U_S 后，与变阻箱串联，如图 35-1（b）所示，测量 U_{AB} 和 I_R，与（1）的测量数值进行比较，将数据记录在表 35-2 中。

表 35-2

$R(\Omega)$	0									∞
$U_{AB}(V)$										
$I_R(mA)$										

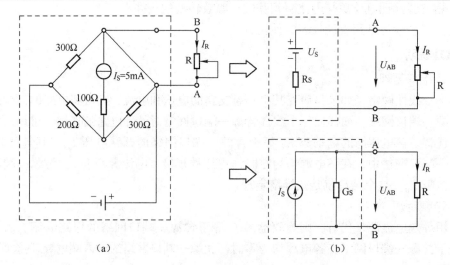

（a）　　　　　　　　　　　　　（b）

图 35-1

（3）验证诺顿定理

用实验内容（1）中的 R 短路电流源与等效电导 $G_S=1/R_S$ 并联后组成实际的电流源，接上变阻箱，测量 U_{AB} 和 I_R，与（1）的测量数值进行比较，判断是否符合诺顿定理，将数据记录在表 35-3 中。

表 35-3

$R(\Omega)$	0									∞
$U_{AB}(V)$										
$I_R(mA)$										

5. 实验注意事项

（1）改接线路时，要关掉电源，不可带电操作。

（2）注意，直流电压表、直流电流表应选择合适的量程。

6. 预习思考题

（1）在做戴维南或诺顿等效电路的负载短路实验时，测量 I_R 的条件是什么？本实验可否直接做负载短路实验？在实验前对戴维南现行电阻网络电路预先进行计算，以便在调整实验线路和测量时可准确地选择仪表的量程。

（2）说明测量有源二端网络开路电压和等效内阻的几种方法，并比较优、缺点。

7. 实验报告

（1）根据实验测量的 U_{AB} 和 I_R 数据分别绘出曲线，验证戴维南和诺顿定理的等效性，并分析产生误差的原因。

（2）在报告中要做实验数据的处理并进行分析。

实验 36 一阶 RC 电路响应的测量（1）

1. 实验目的

（1）测量一阶 RC 电路的零状态响应和零输入响应，并在响应曲线中求出一阶 RC 电路的时间常数 τ。

（2）熟悉电工仪表的测量方法。

2. 原理说明

（1）如图 36-1 所示电路的零状态响应为

$$i=\frac{U_S}{R}\mathrm{e}^{-\frac{t}{\tau}} \qquad u_C=U_S(1-\mathrm{e}^{-\frac{t}{\tau}})$$

式中，$\tau=RC$ 为电路的时间常数。

如图 36-2 所示电路的零输入响应为

$$i=\frac{U_S}{R}\mathrm{e}^{-\frac{t}{\tau}} \qquad u_C=U_S\mathrm{e}^{-\frac{t}{\tau}}$$

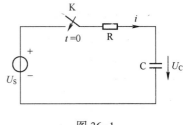

图 36-1

在电路参数、初始条件和激励都已知的情况下，上述的响应函数式可直接写出。如果用实验方法测量电路的响应，则可以用双踪示波器等显示响应曲线。如果电路的时间常数 τ 足够大（如 20s 以上），则可用一般的电工仪表逐点测量电路各给定时刻的电流或电压，然后画出 $i(t)$ 或 $u_C(t)$ 的响应曲线，如图 36-3 所示。

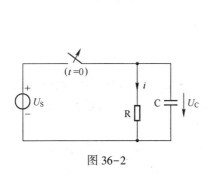

图 36-2

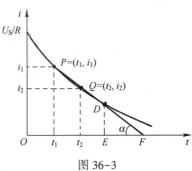

图 36-3

根据实验所得响应曲线确定时间常数τ的方法如下。

① 在图 36-3 中的曲线上任取两点(t_1, i_1)和(t_2, i_2)，由于这两点都满足关系式

$$i = \frac{U_s}{R} e^{-\frac{t}{\tau}}$$

因此可得时间常数

$$\tau = \frac{t_2 - t_1}{\ln(i_1/i_2)}$$

② 在图 36-3 中的曲线上任取一点 D 做切线$\overline{DF}$和垂线$\overline{DE}$，则次切距为

$$\frac{\overline{DE}}{\mathrm{tg}\alpha} = \frac{i}{(-\mathrm{d}i/\mathrm{d}t)} = \frac{i}{i\left(\frac{1}{\tau}\right)} = \tau$$

（2）根据时间常数的定义可由图 36-3 中的曲线求τ，当i减小到初值$I_0(U_s/R)$36.8% 时的时间即为τ。

t 为不同的τ时，i 与 I_0 的倍数关系见表 36-1。

表 36-1

t	1τ	2τ	3τ	4τ	5τ	$\cdots$	∞
i	$0.368I_0$	$0.135I_0$	$0.050I_0$	$0.018I_0$	$0.007I_0$	$\cdots$	0

3. 实验设备与元器件

（1）函数信号发生器。

（2）双踪示波器。

（3）动态电路实验板。

4. 实验内容

（1）测量一阶 RC 电路零状态响应的电路接线如图 36-4 所示。

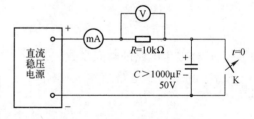

图中，C 为大于 1000μF 的大容量电解电容器。其实际的电容量在由实验测量τ后求出，

图 36-4

$C = \tau/R$，因电解电容器容量的允许误差为$-50\% \sim +100\%$，且随时间的变化较大，所以以实测为准。另外，电解电容器是有正、负极性的，如果极性接反，则漏电电流会增加，甚至会因内部电流的热效应过大而炸毁电解电容器，所以使用时必须特别注意！

测量 $i_c = f(t)$ 曲线的步骤如下：

① 闭合开关 K，mA 表的量程选为 2mA；

② 调节直流稳压电源为 20V，记录 $i_c = f(0)$ 时的值；

③ 打开开关 K 的同时开始计时，每隔一定时间，记录 i_c 的值一次（也可每次读数都从 $t=0$ 开始），在响应起始部分，电流变化较快，时间间隔可为 5s，以后电流缓变，则可为更长的时间间隔（可用手表计时）。

为了能较准确地读取时间常数τ，可重新闭合开关 K，并先计算好 $0.368i_c(0)$ 的值，打开开关 K 后，读取 mA 表在 $t=\tau$ 时的值，将数据记录在表 36-2 中。

表 36-2

$U(V)$		$R(\Omega)$		$C(\mu F)$			$i_C(0)$ (mA)	
$t(s)$								
$i_C(mA)$								
直接测定$\tau(s)$		曲线两点计算$\tau(s)$		次切距计算$\tau(s)$		平均$\tau(s)$		

测量 $u_C=f(t)$ 曲线的步骤如下：

① 在 R 上并联 ZVA-1 直流电压表，量程为 20V。

② 闭合开关 K，使 $U=20V$ 保持不变。

③ 打开开关 K 的同时开始计时，方法同上。

④ 计算 $U_C=U-U_R$，将数据记录在表 36-3 中。

表 36-3

$t(s)$	0							
$U_R(V)$								
$U_C(V)$								
直接测量$\tau(s)$		曲线两点计算$\tau(s)$		次切距计算$\tau(s)$		平均$\tau(s)$		

（2）测量一阶 RC 电路零输入响应的接线如图 36-5 所示。

V 为 ZVA-1 直流电压表，各量程的内阻均为 4MΩ。

测量 $i_C=f(t)$ 和 $u_C=f(t)$ 曲线的步骤如下：

① 闭合开关 K，调节 $U=20V$。

② 打开开关 K 的同时开始计时，方法同上。

③ 计算 $i_C=U_C/R_V=U_C/4$。

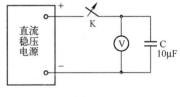

图 36-5

5. 实验注意事项

（1）熟读双踪示波器的使用（见附录 A），双踪示波器的辉度不应过亮，尤其是光点长期停留在荧光屏上不动时，应将辉度调暗，以延长示波管的使用寿命。

（2）函数信号发生器的接地端与双踪示波器的接地端需共地，以防因外界干扰而影响测量的准确性。

6. 预习思考题

（1）什么样的电信号可作为一阶 RC 电路零输入响应、零状态响应和完全响应的激励源？

（2）已知一阶 RC 电路的 $R=10k\Omega$、$C=0.1\mu F$，试计算时间常数τ，并根据τ的物理意义拟定测量τ的方案。

（3）何谓积分电路和微分电路？它们必须具备什么条件？它们在方波序列脉冲的激励下，输出信号波形的变化规律如何？这两种电路有何功用？

（4）预习要求：熟读仪表的使用说明，回答上述问题，准备方格纸。

7. 实验报告

（1）完成一阶 RC 电路两种响应的实验测量。

（2）绘制 $u_C = f(t)$ 和 $i_C = f(t)$ 两种响应曲线。

（3）用不同的方法求出时间常数 τ，并加以比较。

（4）在报告中要做实验数据的处理和误差原因的分析。

实验 37　一阶 RC 电路响应的测量（2）

1. 实验目的

（1）测量一阶 RC 电路的零输入响应、零状态响应及完全响应。

（2）学习电路时间常数的测量方法。

（3）掌握有关微分电路和积分电路的概念。

（4）学会使用双踪示波器观测波形。

2. 原理说明

（1）动态网络的过渡过程是十分短暂的单次变化过程。要用普通示波器观察过渡过程和测量有关参数，就必须使单次变化过程重复出现。为此，可利用信号发生器输出的方波模拟阶跃激励信号，即利用方波输出的上升沿作为零状态响应的正阶跃激励信号，利用方波的下降沿作为零输入响应的负阶跃激励信号。只要选择方波的重复周期远大于电路的时间常数 τ，则响应就与接通和断开电路的过渡过程基本相同。

（2）如图 37-1 所示的一阶 RC 电路零输入响应和零状态响应分别按指数规律衰减和增长。其变化的快、慢决定于电路的时间常数 τ。

（3）时间常数 τ 的测量方法如下。

用双踪示波器观测零输入响应的波形如图 37-1（a）所示。

根据一阶微分方程的求解得知 $U_C = U_m e^{-t/RC} = U_m e^{-t/\tau}$，当 $t = \tau$ 时，$U_C(\tau) = 0.368 U_m$，此时所对应的时间为 τ。τ 也是零状态响应波形在 U_C 增加到 $0.632 U_m$ 时所对应的时间，如图 37-1（c）所示。

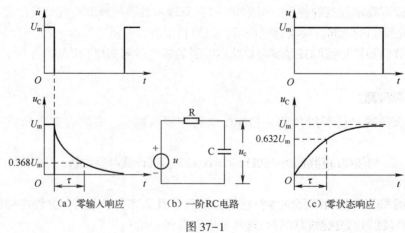

（a）零输入响应　　　（b）一阶RC电路　　　（c）零状态响应

图 37-1

（4）微分电路和积分电路是一阶 RC 电路中较典型的电路，对电路元器件的参数和输入信号的周期有特定的要求。一个简单的 RC 串联电路在方波序列脉冲的重复激励下，当满足 $\tau = RC \ll \dfrac{T}{2}$ 时（T 为方波脉冲的重复周期），由 R 两端的电压作为响应输出，则该电路就是微分电路。此时电路的输出信号电压与输入信号电压的微分成正比，如图 37-2（a）所示，利用微分电路可以将方波转变为尖脉冲。

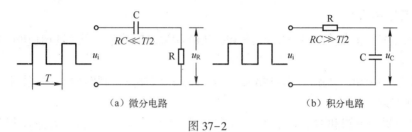

（a）微分电路　　　　　　　（b）积分电路

图 37-2

若将图 37-2（a）中 R 与 C 的位置调换一下，变为如图 37-2（b）所示，由 C 两端的电压作为响应输出，当电路的参数满足 $\tau = RC \gg \dfrac{T}{2}$ 时，则该电路就被称为积分电路。此时电路的输出信号电压与输入信号电压的积分成正比。利用积分电路可以将方波转变为三角波。

从输入、输出波形来看，上述两个电路均起波形变换的作用，请在实验过程中仔细观测并记录。

3. 实验设备与元器件

（1）函数信号发生器。

（2）双踪示波器。

（3）电路实验板（模块 D01、D04）。

4. 实验内容

从实验面板上选取 $R = 100\Omega$、$C = 0.47\mu F$ 组成如图 37-1（b）所示的 RC 充、放电电路。u 为脉冲信号发生器输出的 $U_m = 3V$、$f = 1kHz$ 方波电压信号，通过两根同轴电缆将激励源 u 和响应 u_C 的信号分别连至双踪示波器的两个输入口 CH_1 和 CH_2。这时可在双踪示波器的屏幕上观测到激励和响应的变化规律，测算出时间常数 τ，并用方格纸按 1:1 的比例描绘波形。

逐渐改变电容值或电阻值，定性观测对响应的影响，记录观测到的现象。

（1）微分电路：令 $C = 0.1\mu F$，$R_1 = 100\Omega$，$R_2 = 2k\Omega$，$R_3 = 40k\Omega$，组成如图 37-2（a）所示的微分电路。在上述方波激励信号（$U_m = 3V$，$f = 1kHz$）的作用下，逐渐增大电阻值，定性观测并描绘激励和响应的波形及对输出波形的影响。

（2）积分电路：令 $R = 100\Omega$，$C_1 = 0.47\mu F$，$C_2 = 1\mu F$，$C_3 = 9\mu F$，组成如图 37-2（b）所示的积分电路。在同样的方波激励信号（$U_m = 3V$，$f = 1kHz$）作用下，逐渐增大电容值，定性观测并描绘响应的波形及对输出波形的影响。

在增/减 R 和 C 的实验过程中，可定性观测输入、输出波形有何本质上的区别？

5. 实验注意事项

（1）在调节电子仪器的各旋钮时，动作不要过快、过猛。在实验前，需熟读双踪示波器的使用说明书（见附录 A）。在观测双踪示波器时，要特别注意相应开关、旋钮的操作与调节。

（2）函数信号发生器（见附录 D）的接地端与双踪示波器的接地端要连在一起（共地），以防因外界干扰而影响测量的准确性。

（3）双踪示波器的辉度不应过亮，尤其是光点长期停留在荧光屏上不动时，应将辉度调暗，以延长示波管的使用寿命。

6. 预习思考题

（1）什么样的电信号可以作为一阶 RC 电路零输入响应、零状态响应和完全响应的激励源？

（2）已知一阶 RC 电路的 $R=10\text{k}\Omega$、$C=0.1\mu\text{F}$，试计算时间常数 τ，并根据 τ 的物理意义拟定测量 τ 的方案。

（3）何谓积分电路和微分电路？它们必须具备什么条件？它们在方波序列脉冲的激励下，输出信号波形的变化规律如何？这两种电路有何功用？

（4）预习要求：熟读仪器的使用说明，回答上述问题，准备方格纸。

7. 实验报告

（1）根据实验观测结果，在方格纸上绘出一阶 RC 电路在充、放电时 U_C 的变化曲线，由曲线测得 τ，并与参数值的计算结果进行比较，分析误差产生的原因。

（2）根据实验观测结果，归纳、总结积分电路和微分电路的形成条件，阐明波形的变换特征。

（3）在报告中要做实验数据的处理和误差原因的分析。

实验 38　二阶动态电路响应的研究

1. 实验目的

（1）了解电路参数对 RLC 串联电路瞬态响应的影响。

（2）进一步熟悉利用双踪示波器等测量电路瞬态响应的方法。

2. 原理说明

无论零输入响应还是零状态响应，RLC 串联电路过渡过程的性质完全由特征方程

$$LCP^2+RCP+1=0$$

的特征根

$$P=-\frac{R}{2L}\pm\sqrt{\left(\frac{R}{2L}\right)^2-\left(\frac{1}{\sqrt{LC}}\right)^2}=-\delta\pm\sqrt{\delta^2-\omega_0^2}$$

来决定（有两个特征根 P_1、P_2）。式中，$\delta=R/2$；$\omega_0=1/\sqrt{LC}$。

① 如果 $R>2\sqrt{L/C}$，则 P_1、P_2 为两个不相等的负实根，电路过渡过程的性质为过阻尼非振荡过程。

② 如果 $R=2\sqrt{L/C}$，则 P_1、P_2 为两个相等的负实根，电路过渡过程的性质为临界阻尼过程。

③ 如果 $R<2\sqrt{L/C}$，则 P_1、P_2 为一对共轭复根，电路过渡过程的性质为欠阻尼振荡过程。改变电路参数 R、L 或 C，均可使电路发生上述不同性质的过程。

从能量变化的角度，由于在 RLC 电路中存在两种不同性质的储能元器件，因此过渡过程就不仅是单纯的积累能量和放出能量，还可能发生电容的电场能量和电感的磁场能量互相反复交换的过程。这一点决定于元器件的参数。当电阻比较小时，消耗的能量较小，在 L 和 C 之间的能量交换占主导，电路表现为振荡过程；当电阻较大时，能量来不及交换就被电阻消耗了，电路只有单纯的积累或放出能量的过程，即非振荡过程。

在电路为振荡过程时，其振荡性质可分为三种情况：

① 衰减振荡：在电路中，电压或电流的振荡幅度按指数规律逐渐减小，最后衰减到零。

② 等幅振荡：在电路中，电压或电流的振荡幅度保持不变，相当于电路中的电阻为零，振荡过程不消耗能量。

③ 增幅振荡：电压或电流的振荡幅度按指数规律逐渐增加，相当于在电路中存在负值电阻，在振荡过程中逐渐得到能量补充。所以，RLC 二阶电路瞬态响应的各种形式和条件可归结为：

当 $R>2\sqrt{L/C}$ 时，为非振荡过阻尼状态；

当 $R=2\sqrt{L/C}$ 时，为非振荡临界阻尼状态；

当 $R<2\sqrt{L/C}$ 时，为衰减振荡状态；

当 $R=0$ 时，为等幅振荡状态；

当 $R<2$ 时，为增幅振荡状态。

必须注意，在实现最后两种状态时，需在电路中接入负电阻元器件（由负阻器变换得到）。

3. 实验设备与元器件

（1）函数信号发生器。

（2）双踪示波器。

（3）D04～D06 动态实验电路板。

4. 实验内容

（1）实验电路接线如图 38-1 所示。

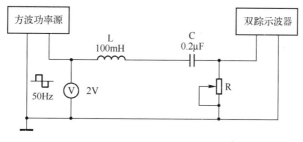

图 38-1

图中，L、C、R 分别为电感、电容、电阻，改变电阻的参数可获得各种响应状态。方波功率源的输出接地端与双踪示波器的输出接地端连接。在振荡电路中，将 R 上的取样信号电压加在双踪示波器的Y输入端即能观测$i=f(t)$的波形与数值。

在测量RLC电路的非振荡临界响应时，必须仔细观测振荡电流是否为经过最大值后逐渐衰减至零，如果电流的衰减过程为变为负值后再衰减为零，则说明电路还处于振荡状态。

（2）选择频率为50Hz的方波信号，输出幅度为2V固定不变，L可用互感器的一次侧或二次侧线圈，如需改变电感量，则可将线圈顺向串联，C选用0.2μF的电容，R采用电阻箱，阻值为100~1000Ω，观测并描绘在$R<2\sqrt{L/C}$、$R=2\sqrt{L/C}$及$R>2\sqrt{L/C}$时的响应波形。

（3）观测一阶RL和RC电路的瞬态响应，并分析它们的特点。

5. 实验注意事项

（1）调节电阻箱时要细心、缓慢，要找准临界阻尼。

（2）观测双踪示波器时，显示要稳定，如不同步，则可采用外同步法触发（看双踪示波器说明书）。

6. 预习思考题

根据二阶电路实验电路元器件的参数计算处于临界阻尼状态的R。

7. 实验报告

（1）根据实验数据按比例绘出RLC串联二阶电路在$R<2\sqrt{L/C}$、$R=2\sqrt{L/C}$及$R>2\sqrt{L/C}$时的响应曲线，并进行分析比较。

（2）绘出一阶RC、RL电路的瞬态响应曲线，并分析比较其特点。

实验39　R、L、C阻抗特性的测量

1. 实验目的

（1）加深了解R、L、C频率与阻抗的关系。

（2）加深理解R、L、C电压与电流的相位关系。

（3）掌握常用阻抗模和阻抗角的测量方法。

（4）熟悉低频信号发生器等常用电子仪器的使用方法。

2. 原理说明

正弦交流电压或电流可用三角函数表示，即由最大值（U_m或I_m）、频率f（或角频率$\omega=2\pi f$）及初始相位三要素决定。在分析正弦稳态电路时，由于电路各处的电压、电流都是同频率的交流电，所以电流、电压可用相量表示。

在频率较低的情况下，电阻通常略去附加电感和分布电容作为纯电阻。此时，其端电压和电流可用复数欧姆定律来描述，即

$$\dot{U}=R\dot{I}$$

式中，R为线性电阻；$\dot{U}$与$\dot{I}$之间无相位差。电阻吸收的功率为

$$P=UI=RI^2$$

因为电阻略去附加电感和分布电容，所以阻值与频率无关，即$R—f$的关系如

图 39-1 所示。

　　电容在低频时也可略去附加电感和电容极板间介质的功率损耗，被认为只具有电容量 C，在正弦电压的作用下，流过电容的电流也可用复数欧姆定律来表示，即

$$\dot{U} = X_C \dot{I}$$

式中，X_C 为电容的容抗，即

$$X_C = \frac{1}{j\omega C}$$

有 $\dot{U} = 1/j\omega C \cdot \dot{I} = \dfrac{\dot{I}}{\omega C} \angle -90°$，电压 $\dot{U}$ 滞后电流 $\dot{I}$ 90°，电容吸收的平均功率为零。

　　X_C—f 的曲线如图 39-2 所示。

　　电感由导线绕成，导线有电阻，在低频时，如略去分布电容，则电感仅由电阻 R_L 和电感量 L 组成。

　　在正弦电流的作用下，电感的复阻抗为

$$Z = R_L + j\omega L = \sqrt{R_L + (\omega L)^2} \angle \varphi = z \angle \varphi$$

式中，R_L 为导线电阻；阻抗角 φ 由 R_L 和 L 决定，即

$$\varphi = \arctan \omega L / R_L$$

电感线圈上的电压与流过电流的关系为

$$\dot{U} = (R_L + j\omega L) \dot{I} = z \angle \varphi \dot{I}$$

电压超前电流 90°，电感线圈所吸收的平均功率为

$$P = UI\cos\varphi = I^2 R$$

X_L—f 的曲线如图 39-3 所示。

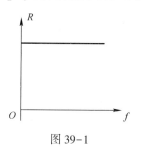

图 39-1

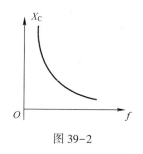

图 39-2

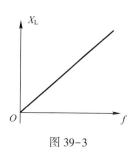

图 39-3

3. 实验设备与元器件

（1）函数信号发生器。

（2）直流电压表 0~500V。

（3）实验电路板（模块 D02、D04、D06）。

4. 实验内容

（1）测量 R-f 特性

① 实验线路如图 39-4 所示。本线路除能够测量 R-f 特性，还可验证电压关系和电流关系。

② 调节变频电源使 f = 1kHz，U_{AC} = 5V。

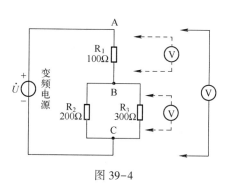

图 39-4

③ 测量电阻上电压，将数据记录在表 39-1 中。

表 39-1

$f(Hz)$	U_{AC} (V)	U_{BC} (V)	U_{AB} (V)	是否 $U_{AB}+U_{BC}=U_{AC}$?	I_{R_1} (mA)	I_{R_2} (mA)	I_{R_3} (mA)	是否 $I_{R_2}+I_{R_3}=I_{R_1}$?
200								
400								
600								
800								
1000								

④ 按表 39-1 中规定的频率重复测量。

（2） X_L-f 特性

实验线路如图 39-5 所示。R 为限流电阻，调节变频电源的输出电压为 5V，改变频率，重复测量电感线圈上的电压 U_L，电阻上的电压 U_R，将数据记录在表 39-2 中。

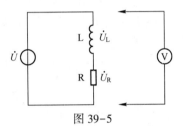

图 39-5

表 39-2

$f(Hz)$	50	100	150	200	250	300	350	400	500
$U_L(V)$									
$U_R(V)$									
误差（%）									

（3） X_C-f 特性

将图 39-5 中的 L 改为电容，$C=1\mu F$，R 不变，变频电源的输出电压 $U=5V$，改变频率，重复测量 U_C、U_R，将数据记录在表 39-3 中。

表 39-3

$f(Hz)$	50	100	150	200	250	300	350	400	500
$U_C(V)$									
$U_R(V)$									
误差（%）									

5. 实验注意事项

（1）本实验中的变频电源采用 DDH-1 型大功率多波形多路输出信号源的正弦波信号，频率由信号源的液晶面板显示，输出幅度由 JVA-1 型双显示交流电压表测量，在使用变频电源时应防止输出短路，特别应严禁 220V 电网电压直接接到变频电源的输出端，否则会立即损坏变频电源。

（2）电感可用互感器的一次侧或二次侧线圈，标称电感量为 100mH，实际值可用电感表进行测量，使用时，应注意电流不要超过规定值。

6. 预习思考题

在测量 R、L、C 的频率阻抗特性时，为什么要串联一个小电阻？可否用一个小电感或大电容代替？为什么？

7. 实验报告

（1）在方格纸上画出理想 R、L、C 的频率阻抗特性。
（2）根据实验数据画出实际 R、L、C 的频率阻抗特性。

实验 40　R、L、C 串联谐振电路的研究

1. 实验目的

（1）学会用实验的方法测量 R、L、C 串联谐振电路的电压和电流，并绘制谐振曲线。
（2）加深理解串联谐振电路的频率特性和品质因数的物理意义。

2. 原理说明

在 R、L、C 串联谐振电路中，当外加正弦交流电压的频率改变时，电路中的感抗、容抗及阻抗都随频率的改变而变化，电路中的电流也跟随改变，将这些物理量随频率改变的特性绘成曲线，就是频率特性曲线。

由于

$$X_L = \omega L \qquad X_C = \frac{1}{\omega C}$$

$$X = X_L - X_C = \omega L - \frac{1}{\omega C}$$

$$Z = \sqrt{R^2 + \left(\omega L - \frac{1}{\omega C}\right)^2}$$

$$\phi = \arctan \frac{\omega L - \frac{1}{\omega C}}{R}$$

因此可绘出如图 40-1 所示的一系列曲线。$X_L = X_C$ 时的频率被称为串联谐振频率，此时的电路呈谐振状态。谐振角频率为

$$\omega = \omega_0 = \frac{1}{\sqrt{LC}}$$

谐振频率为

$$f_0 = \frac{1}{2\pi\sqrt{LC}}$$

可见，谐振频率决定于电路参数 L、C。随着频率的变化，电路在 $\omega < \omega_0$ 时呈容性，在 $\omega > \omega_0$ 时呈感性，在 $\omega = \omega_0$ 时，即在谐振点时呈纯阻性。

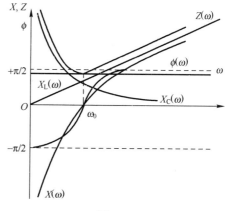

图 40-1

如维持外加电压 U 不变，则谐振时的电流为

$$I_0 = \frac{U}{R}$$

品质因数 Q 为

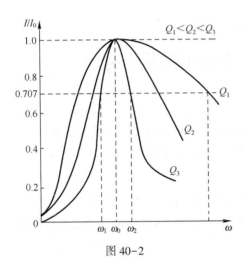

$$Q = \frac{\omega_0 L}{R}$$

改变外加电压的频率，绘出如图 40-2 所示的电流谐振曲线，表达式为

$$\frac{I}{I_0} = \frac{1}{\sqrt{1 + Q^2 \left(\dfrac{\omega}{\omega_0} - \dfrac{\omega_0}{\omega} \right)^2}}$$

当电路中的 L、C 维持不变，只改变 R 时，可以做出不同 Q 值的谐振曲线。Q 值越大，曲线越尖锐，在这些不同 Q 值的谐振曲线上，在纵坐标 I/I_0 =0.707 处做一平行横轴的直线，与各谐振曲线交于两点：ω_1 和 ω_2。Q 值越大，这两点之间的距离越小，即

图 40-2

$$Q = \frac{\omega_0}{\omega_2 - \omega_1}$$

说明电路的品质因数 Q 值越大、谐振曲线越尖锐、电路的选择性越好，相对通频带 $\dfrac{\omega_2 - \omega_1}{\omega_0}$ 越小。这就是 Q 值的物理意义。在实验中，用 JAV-1 型交流电压表测量 U_R，则 $I = U_R/R$，在保持 U 不变的情况下，改变频率 f 测量对应的 U_R。

3. 实验设备与元器件

（1）函数信号发生器。

（2）直流电压表 0~500V。

（3）实验电路板（模块 D02、D04、D06）。

4. 实验内容

实验线路如图 40-3 所示。

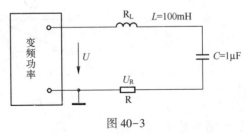

图 40-3

（1）令 $C = 1\mu F$、$R_1 = 100\Omega$、$L = 100mH$（互感器的一次侧），保持 $U = 5V$，绘出电流谐振曲线。

（2）令 $C = 1\mu F$、$R_2 = 400\Omega$、$L = 100mH$（互感器的一次侧），保持 $U = 5V$，绘出电流谐振曲线。

将测量数据记录在表 40-1 中。

表 40-1

$R = R_1 + R_L$ 时的实验测量数据											
$f(Hz)$											
$U_R(V)$											
$U_C(V)$											
$U_L(V)$											
$R = R_2 + R_L$ 时的实验测量数据											
$f(Hz)$											
$U_R(V)$											
$U_C(V)$											
$U_L(V)$											

5. 实验注意事项

选择测量频率点时，应在靠近谐振频率附近多取几点，使测量所得的谐振曲线更平滑，更易观测。

6. 预习思考题

（1）根据实验线路板给出的元器件参数值，估算电路的谐振频率。

（2）改变电路的哪些参数可以使电路发生谐振？电路中的 R 数值是否影响谐振频率值？

7. 实验报告

（1）绘出两种电阻下的电流谐振曲线。

（2）比较上述两种曲线的特点。

实验 41 正弦稳态交流电路及提高功率因数的设计与测量

1. 实验目的

（1）研究正弦稳态交流电路电压与电流相量之间的关系。

（2）熟悉日光灯的接线，能够正确迅速地连接日光灯电路。

（3）通过实验了解提高功率因数的意义。

（4）熟练掌握功率表的结构及其使用方法。

（5）熟练掌握正确使用同轴自耦调压器的方法。

2. 原理说明

（1）在单相正弦稳态交流电路中，用交流电流表测量各支路的电流值，用交流电压表测量各元器件两端的电压值，它们之间的关系应满足相量形式的基尔霍夫电压、电流定律，即 $\Sigma \dot{I} = 0$ 和 $\Sigma \dot{U} = 0$。

（2）如图 41-1 所示的 RC 串联电路，在正弦稳态交流信号 $\dot{U}$ 的激励下，$\dot{U}_R$ 与 $\dot{U}_C$ 保持 90°的相位差，即当 R 的阻值改变时，$\dot{U}_R$ 的相量轨迹是一个半圆。$\dot{U}$、$\dot{U}_C$ 与 $\dot{U}_R$ 形成直角电压三角形，如图 41-2 所示。R 的数值改变可改变 φ 的大小，达到移相的目的。

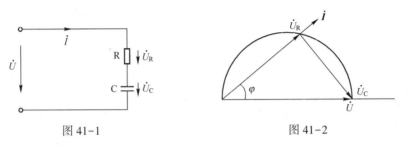

图 41-1   图 41-2

日光灯的线路如图 41-3 所示。该线路由日光灯 A、镇流器 L（带铁芯的电感线圈）、启辉器 S 组成。当接通电源后，启辉器内发生辉光放电，双金属片受热弯曲，触点接通，灯丝

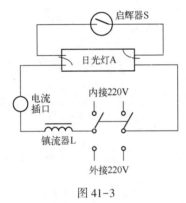

图 41-3

预热后发射电子。启辉器接通后，辉光放电停止，双金属片冷却，触点断开，镇流器的感应高电压加在日光灯两端使日光灯放电，产生大量的紫外线，日光灯内壁的荧光粉吸收紫外线后辐射出可见光，日光灯开始正常工作。启辉器相当于自动开关，能自动接通电路（加热灯丝）和断开电路（使镇流器产生高压，将日光灯击穿放电）。镇流器除可感应高电压使日光灯放电，还可在日光灯正常工作时起限制电流的作用。镇流器的名称也由此而来。由于在电路中串联镇流器，相当于串联一个电感量较大的线圈，因此整个电路的功率因数不高。功率因数过低：一方面不能充分利用电源容量；另一方面又在输电电路中增加损耗。为了提高功率因数，一般最常用的方法是在负载两端并联一个补偿电容器，用来抵消负载电流的一部分无功分量。在日光灯连接电源的两端并联一个可变电容器如图 41-4 所示。当电容器的容量逐渐增加时，电容支路电流 $\dot{I}_C$ 也随之增大，因 $\dot{I}_C$ 超前电压 $\dot{U}$ 90°，可以抵消日光灯电流 $\dot{I}_G$ 的一部分无功分量 $\dot{I}_{GL}$，使总电流 $\dot{I}$ 逐渐减小，如果可变电容器的容量增加得过多（过补偿），则 $\dot{I}_C > \dot{I}_{GL}$，总电流又将增大。

3. 实验设备与元器件

（1）自耦调压器。

（2）交流电压表（0~500V）。

（3）交流电流表（0~10A）。

（4）功率表。

（5）镇流器、启辉器（与 18W 日光灯配用）。

（6）日光灯灯管（18W）。

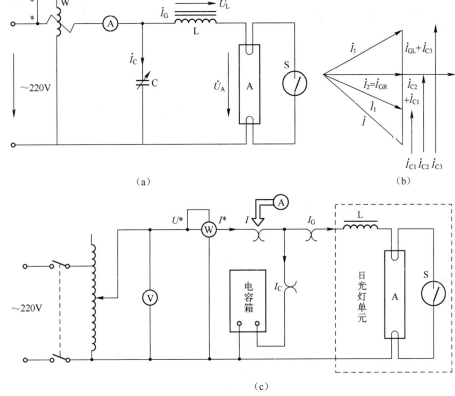

（a）

（b）

（c）

注：（a）和（c）两种接法在实验时可任选。

图 41-4

（7）电容箱模块 D04、D06（0~6μF）。

（8）白炽灯及灯座（220V，15W）。

4. 实验内容

将同轴自耦调压器的输出电压逆时针调至零。

（1）按图 41-1 接线。R 为 220V、15W 的三个白炽灯泡串联，电容器为 4.7μF/450V。经指导老师检查后，接通实验台电源，将自耦调压器的输出电压 U 调至 220V，将 U、U_R 及 U_C 记录在表 41-1 中，验证电压三角形关系。

表 41-1

测 量 值			计 算 值		
$U(V)$	$U_R(V)$	$U_C(V)$	U'（与 U_R、U_C 组成 Rt△） （$U' = \sqrt{U_R^2 + U_C^2}$）	$\Delta U = U' - U/(V)$	$\Delta U/U/(\%)$

（2）将日光灯和电容箱模块按图 41-4 连接，在各支路中串联接入电流表插座后，再将功率表接入线路中，经老师检查接线无误后，接通电源，再将自耦调压器的输出电压缓慢调至 220V。

（3）改变电容箱模块的电容值，先使 $C = 0$，测量日光灯单元（灯管、镇流器）两端的电压及电源电压，读取此时日光灯的电流 I_G 及功率表读数 P。

（4）逐渐增加电容 C 的数值，测量各支路的电流和总电流，电容值不要超过 $6\mu F$，否则电容电流过大，将测量数据填在表 41-2 中。

表 41-2

电容 （μF）	总电压 U （V）	U_L （V）	U_A （V）	I_C （V）	I_G （V）	功率 P （W）	功率因数 cosφ
0							
0.47							
1.0							
1.47							
2.0							
2.47							
3.0							
3.47							
4.0							
4.47							
5.0							
5.47							
6.0							

5. 实验注意事项

（1）本实验使用交流市电 220V，务必注意用电和人身安全。

（2）日光灯电路是非线性电路，原因有二：其一是日光灯在交流电压接近于零时熄灭，使电流中断；其二是镇流器为非线性电感。

（3）日光灯的功率（在本实验中，日光灯的标称功率为 18W）和镇流器所消耗的功率都随温度的变化而改变，在不同的环境温度并接通电路后，在不同的时间，功率会有所变化。

（4）电容器在交流电路中有一定的介质损耗。

（5）日光灯的启动电压随环境温度会有所改变，一般在 180V 左右时可启动，日光灯启动时的电流较大（约为 0.6A），工作时的电流约为 0.37A，注意仪表量程的选择。

（6）在本实验中，日光灯电路标明在 D04 实验板上，实验时，将双向开关扳向"外接 220V"电源一侧，当双向开关扳向"内接 220V"电源时，由内部将 220V 电源接至日光灯作为平时的照明光源。日光灯两端的电压和镇流器两端的电压可在电流插口处测量。

（7）功率表要正确地接入电路中。功率表的同名端按标准接法连接在一起；否则，功率表中的模拟指针表将反向偏转，数字表将无显示。

（8）使用功率表测量时，必须按下相应电压、电流的量限开关，否则可能会有不适当的显示。

（9）为保护功率表中的模拟指针表免受开机时的冲击，JWφ-33型功率表采用模拟指针表开机延时工作方式，通电后约10s，两表自动进入同步显示。

（10）如果使用功率和功率因数组合表，则电流部分的量程在启动时应为4A，在正常工作后应为0.4A。功率因数表的动作范围是量程的10%~120%。

6. 预习思考题

（1）在日常生活中，当日光灯缺少启辉器时，人们常用一根导线将启辉器的两端短接一下，然后迅速断开，使日光灯点亮，这是为什么？

（2）为了改善电路的功率因数，常在感性负载上并联电容器，此时增加了一条电流支路，试问电路中的总电流是增大还是减小？感性元器件上的电流和功率是否改变？

（3）提高线路的功率因数为什么只采用并联电容器法，而不用串联电容器法？所并联的电容器是否越大越好？

7. 实验报告

（1）完成上述测量，并进行相应的误差分析。

（2）绘出总电流 $I=f(C)$ 的曲线，并进行分析。

（3）讨论改善电路功率因数的意义和方法。

实验42　测量三相交流电路的电压、电流

1. 实验目的

（1）学会三相负载的星形和三角形连接方法，掌握两种连接方法的线电压和相电压、线电流和相电流的测量方法。

（2）观测分析在三相四线制中，当负载不对称时中线的作用。

（3）熟练掌握三相电源的结构及其使用方法。

2. 原理说明

将三相灯泡负载（见图42-1）的一端 X、Y、Z 连接在一起接成中点，A、B、C 或 U、V、W 分别接在三相电源上即为星形连接。这时的相电流 I_P 等于线电流 I_L，如果电源为对称三相电源，线电压 U_L 为对应相电压 U_P 的矢量差，则在负载对称时，有

$$U_L = \sqrt{3} \times U_P, \quad I_L = I_P$$

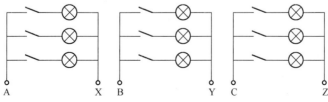

图42-1

这时各相电流对称，电源中点与负载中点之间的电压为零，如果用中线将两中点之间连接起来，则中线电流也等于零（$I_{N'/N}=0$）；如果负载不对称，则中线就有电流流过；如果将中线断开，则三相灯泡负载的各相电压不再对称，各相灯泡出现亮、暗不同的现象。这就是由中点位移引起各相电压不相等的结果。

如果将图 42-1 三相灯泡负载的 X 与 B、Y 与 C、Z 与 A 分别相连，再在这些连接点上引出三根导线至三相电源，即为三角形连接。这时线电压等于相电压，线电流为对应两相电流的矢量差，在负载对称时，有

$$I_{L}=\sqrt{3}\times I_{P} \qquad U_{L}=U_{P}$$

若负载不对称，则虽然不再有 $\sqrt{3}$ 倍的关系（$I_{L}\neq\sqrt{3}\times I_{P}$），但线电流仍为相应相电流的矢量差，可通过矢量图计算数值和相位。

3. 实验设备与元器件

（1）交流电压表（0~500V）。

（2）交流电流表（0~10A）。

（3）三相同轴自耦调压器。

（4）三相灯组负载（220V、15W 白炽灯，插座）。

4. 实验内容

（1）三相负载星形连接（三相四线制供电）

按图 42-2 接线，将三相阻容负载电路按星形连接，接至三相对称电源后，顺时针调节自耦调压器的旋扭，使三相电源的输出相电压为 220V。

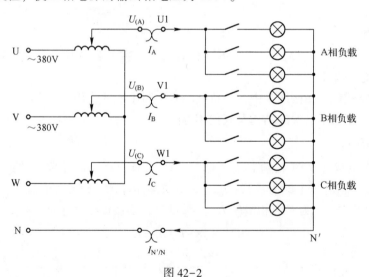

图 42-2

① 有中线时，在负载对称和不对称的情况下，测量各线电压、相电压、线电流、相电流及中线电流。

② 拆除中线后，在负载对称和不对称的情况下，测量各线电压、相电压、线电流、相电流，同时观测各相灯泡的亮、暗状态，测量负载中点与电源中点之间的电压，分析中线的作用。

将上述的测量结果记录在表42-1中。

表 42-1

负载状态		线电压（V）			相电压（V）			相（线）电流（A）			中线电流 $I_{N'/N}$（A）	中点电压 $U_{N'/N}$（V）
		U_{AB}	U_{BC}	U_{CA}	U_A	U_B	U_C	I_A	I_B	I_C		
负载对称	有中线											
	无中线											
负载不对称	有中线											
	无中线											

（2）三相负载三角形连接（三相三线制供电）

按图42-3接线，将三相负载接成三角形，测量在负载对称和不对称时的各线电压、相电压、线电流及相电流，并分析它们之间的关系。

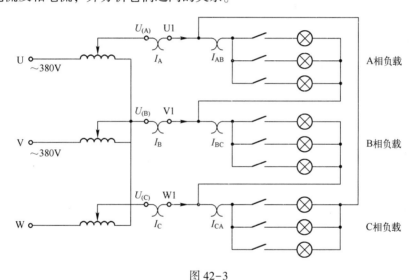

图 42-3

将上述测量的数据记录在表42-2中。

表 42-2

负载状态	线电压（V）			相电流（A）			线电流（A）			线电流/相电流		
	U_{AB}	U_{BC}	U_{CA}	I_{AB}	I_{BC}	I_{CA}	I_A	I_B	I_C	I_A/I_{AB}	I_B/I_{BC}	I_C/I_{CA}
负载对称												
负载不对称												

5. 实验注意事项

（1）本实验采用三相交流市电，线电压为380V，应穿绝缘鞋进入实验室，实验时要注意人身安全，不可触及导电部件，防止发生意外事故。

（2）如使用电流表插座，则应控制插头的快速进/出，同时电流表的量程应适当选大一些，防止在电流瞬态冲击电容负载使过载记录器启动。

（3）因本实验的操作电压较高，所以在每次接线完毕，经指导老师检查后，方可接通电源，必须严格遵守先断电、再接线、后通电，先断电、后拆线的实验操作原则。

（4）在实验过程中应尽可能单手操作。

6. 预习思考题

三相负载根据什么条件进行星形或三角形连接？

7. 实验报告

（1）根据实验数据分析中线的作用。

（2）用实验测得的数据验证对称三相电路中的 $\sqrt{3}$ 关系。

（3）不对称三角形连接的负载能否正常工作？实验是否能证明这一点？

（4）根据不对称负载三角形连接时的相电流绘出相量图，并求出线电流值，与由实验测得的线电流比较，并进行分析。

（5）在报告中要做实验数据的处理和分析误差产生的原因。

第 5 篇　综合设计性实验（天煌教仪）

实验 43　万用表的设计与调试

1. 实验目的

（1）设计由运算放大器组成万用表。

（2）万用表的组装与调试。

2. 设计要求

（1）直流电压表：满量程为 +6V。

（2）直流电流表：满量程为 10mA。

（3）交流电压表：满量程为 6V，50Hz~1kHz。

（4）交流电流表：满量程为 10mA。

（5）欧姆表：满量程分别为 1kΩ、10kΩ、100kΩ。

3. 万用表的工作原理及参考电路

在测量中，万用表的接入应不影响被测电路的工作状态。这就要求电压表应具有无穷大的输入电阻，电流表的内阻应为零。但实际上，万用表表头的可动线圈总有一定的阻值。例如，100μA 表头的内阻约为 1kΩ，在测量时将影响被测量，引起误差。此外，交流万用表中整流二极管的压降和非线性特性也会产生误差。如果在万用表中使用运算放大器，就能大大降低误差，提高测量精度。在欧姆表中采用运算放大器，不仅能得到线性刻度，还能实现自动调零。

（1）直流电压表

图 43-1 为同相端输入的高精度直流电压表原理图。

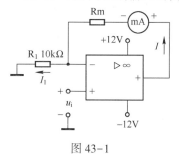

图 43-1

为了减小表头参数对测量精度的影响，将表头置于运算放大器的反馈回路中时，流经表头的电流与表头的参数无关，只要改变 R_1 一个电阻的阻值，就可以进行量程的切换。

表头电流 I 与被测电压 U_i 的关系为

$$I = \frac{U_i}{R_1}$$

图 43-1 适用于与运算放大器共地的相关电路，当被测电压较高时，在运算放大器的输入端应设置衰减器。

（2）直流电流表

图 43-2 为浮地直流电流表原理图。在测量中，浮地电流的测量是普遍存在的，如被测

137

电流无接地点就属于这种情况。为此，应把运算放大器的电源对地浮动，按此种方式构成的电流表就可像常规电流表那样，串联在任何电流通路中进行测量。

表头电流 I 与被测电流 I_1 的关系为

$$-I_1 R_1 = (I_1 - I) R_2$$

$$I = \left(1 + \frac{R_1}{R_2}\right) I_1$$

可见，改变电阻比（R_1/R_2）即可调节流过电流表的电流，以提高灵敏度。如果被测电流较大，应给电流表的表头并联分流电阻。

（3）交流电压表

由运算放大器、二极管整流桥及直流毫安表组成的交流电压表如图 43-3 所示。被测交流电压 u_i 加到运算放大器的同相端，输入阻抗很大，又因为负反馈能减小反馈回路的非线性影响，所以把二极管桥路和表头置在运算放大器的反馈回路中，以减小二极管本身的非线性影响。

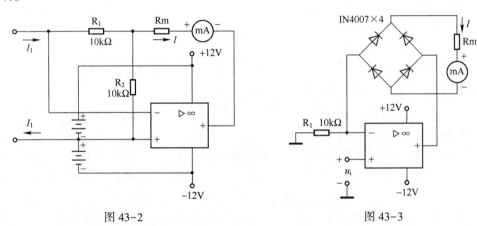

图 43-2   图 43-3

表头电流 I 与被测电压 U_i 的关系为

$$I = \frac{U_i}{R_1}$$

电流 I 全部流过桥路。其值仅与 U_i/R_1 有关，与桥路和表头参数（如二极管的死区等非线性参数）无关。在表头中，电流与被测电压 u_i 的全波整流平均值成正比。若 u_i 为正弦波，则表头可按有效值进行刻度。被测电压的上限频率决定于运算放大器的频带和上升速率。

（4）交流电流表

图 43-4 为浮地交流电流表。表头读数由被测交流电流的全波整流平均值 I_{1AV} 决定，即 $I = \left(1 + \frac{R_1}{R_2}\right) I_{1AV}$。

如果被测电流为正弦电流，即

$$i_1 = \sqrt{2} I_1 \sin\omega t$$

则上式可写为

$$I = 0.9\left(1 + \frac{R_1}{R_2}\right)I_1$$

表头可按有效值进行刻度。

（5）欧姆表

图 43-5 为多量程欧姆表。

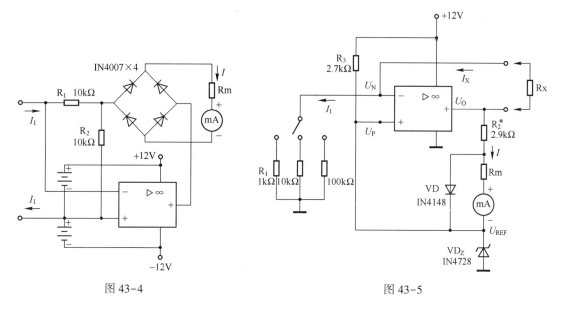

图 43-4　　　　　　　　　　　图 43-5

在电路中，运算放大器改由单电源供电，被测电阻 Rx 跨接在运算放大器的反馈回路中，在同相端加基准电压 U_{REF}，即

$$U_P = U_N = U_{REF}$$

$$I_1 = I_X$$

$$\frac{U_{REF}}{R_1} = \frac{U_O - U_{REF}}{R_X}$$

$$R_X = \frac{R_1}{U_{REF}}(U_O - U_{REF})$$

流经表头的电流为

$$I = \frac{U_O - U_{REF}}{R_2 + R_m}$$

消去（$U_O - U_{REF}$）后可得

$$I = \frac{U_{REF}R_X}{R_1(R_m + R_2)}$$

可见，电流 I 与被测电阻成正比，表头具有线性刻度，改变 R_1 的阻值，即可改变欧姆表的量程。欧姆表能自动调零，当 $R_X = 0$ 时，电路变成电压跟随器，$U_O = U_{REF}$，故表头电流为零。

二极管 VD 起保护欧姆表的作用，如果没有 VD，则当 Rx 的阻值超量程，特别是当 $R_X \to \infty$ 时，运算放大器的输出电压将接近电源电压，使表头过载。有了 VD，就可使输出钳位，防止表头过载。调整 R_2 的阻值，可实现满量程调节。

4. 电路设计

（1）万用表的电路是多种多样的，建议以本实验电路为参考设计一个较完整的万用表。

（2）设计万用表的电压、电流或欧姆量程时，采用连接线切换，在万用表成品后，用开关切换。

5. 实验元器件的选择

（1）稳压管（IN4728）。

（2）二极管（IN4007×4、IN4148）。

（3）表头（灵敏度为 1mA，内阻为 100Ω）。

（4）运算放大器（μA741）。

（5）电阻器（均采用 $\dfrac{1}{4}$ W 的金属膜电阻器）。

6. 注意事项

（1）在连接电源时，在正、负电源的连接点上分别连接大容量的滤波电容器和 $0.01\sim0.1\mu F$ 的小电容器，以消除通过电源产生的干扰。

（2）万用表的电性能测量要用标准电压表、电流表校正，欧姆表用标准电阻校正。考虑实验要求不高，建议用数字式 $4\dfrac{1}{2}$ 位万用表作为标准表。

7. 报告要求

（1）画出万用表的完整设计电路原理图。

（2）将万用表与标准表进行测量比较，计算万用表各功能挡的相对误差，分析误差产生的原因。

（3）给出电路改进建议。

（4）总结实验的收获和体会。

实验 44　循环灯电路的设计和调试

1. 实验目的

（1）熟练掌握电子元器件的基础知识。

（2）通过对循环灯电路的设计、制作与调试，巩固所学电子线路知识，加深对放大电路理论知识的理解和掌握，培养分析解决实际问题的能力。

2. 实验原理

图 44-1 为循环灯电路原理图。电路的核心是一个由三个三极管及外围电路组成的循环振荡器。当电源接通后，三个三极管争先导通。由于三个三极管的参数或电容器、电阻器的参数不可能完全一致，总会有差异，所以三个三极管不会同时导通。如果三极管 VT_1 最先导通，则 VT_1 的集电极电压接近零时，电容器 C_2 左端的电压为零。因为电容器 C_2 两端的电压不能突变，所以三极管 VT_2 的基极电压也被拉到接近零，使三极管 VT_2 不会再导通，而

转为截止状态，发光二极管 VD_2 点亮。三极管 VT_2 截止，使其集电极电压接近电源电压，通过电容器 C_2 的耦合作用使三极管 VT_3 的基极为高电压，VT_3 处于导通饱和状态。在上述过程很快完成后，三极管 VT_1 和 VT_3 处于导通饱和状态，三极管 VT_2 处于截止状态。

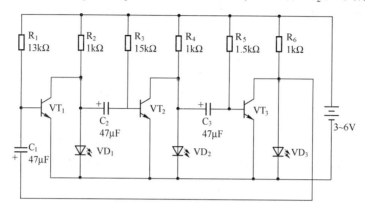

图 44-1

随着时间的延续，电源电压通过电阻器 R_3 不断对电容器 C_2 进行充电，使三极管 VT_2 的基极电压不断升高，在达到一定程度时，三极管 VT_2 开始导通，并由截止状态变为导通饱和状态。由于三极管 VT_2 突然变为导通饱和状态，因此集电极电压随之下降，通过电容器 C_3 的耦合作用使三极管 VT_3 的基极电压也下降，VT_3 由饱和状态变为截止状态。此时，三极管 VT_1 和 VT_2 都处于导通饱和状态，三极管 VT_3 处于截止状态。紧接着，电源又开始通过电阻器 R_5 对电容器 C_3 进行充电，使三极管 VT_3 的基极电压升高，三极管 VT_3 开始导通，由截止状态变为导通饱和状态，又通过电容器 C_1 的耦合作用使三极管 VT_1 的基极电压也下降。这就使三极管 VT_1 由饱和状态变为截止状态。此时，三极管 VT_2 和 VT_3 都处于导通饱和状态，而三极管 VT_1 处于截止状态。如此循环，在每一时刻的电路中总有一个三极管处于截止状态，而另两个三极管处于饱和导通状态。与截止状态三极管相对应的发光二极管正极可以通过电阻得到一个高电压，发光二极管即会被点亮。

3. 实验内容

（1）学会辨别发光二极管和电解电容器的极性。

（2）正确识别色环电阻器的阻值。

（3）设计制作一个循环灯电路。

4. 实验设备与元器件

（1）直流稳压电源。

（2）万用表。

（3）电烙铁。

（4）接线板、电子元器件、导线若干。

5. 实验电路参数的调整

改变电路元器件的参数可以改变发光二极管的点亮时间，在循环灯电路中可以通过改变电解电容器的容量达到改变发光二极管点亮时间的目的。电解电容器的容量越大，充、放电时间越长，循环灯的循环时间也越长。电解电容器的容量越小，循环的频率就越快。在此电路中，电解电容器的容量为 $33 \sim 220\mu F$。当然，改变电阻器 R_1、R_3、R_5 的阻值也可以改变循环的频率，只是在改变阻值时要考虑三极管的放大倍数和工作状态，应保证三极管能够可靠饱和和截止。

在电路中，电阻器 R_2、R_4、R_6 的阻值一般为 $1 \sim 2.7k\Omega$。由于它们是发光二极管的限流电阻，所以发光二极管的亮度较低。这是此电路的缺点。那么能不能减小这些电阻的阻值呢？实践证明，如果这些电阻的阻值过小，则电路不容易启动。因为在接通电源的瞬间，电源电压不仅通过基极电阻向三极管的基极注入电流，也会通过三极管的集电极负载电阻经过电解电容器向下一级三极管的基极注入电流。集电极负载电阻太小，会导致三个三极管全部饱和而不能产生振荡。

实验 45　三位半直流数字电压表的设计

1. 实验目的

（1）了解双积分式 A/D 转换器的工作原理。

（2）熟悉三位半 A/D 转换器 CC14433 的性能及引脚功能。

（3）掌握用 CC14433 构成直流数字电压表的使用方法。

2. 实验原理

直流数字电压表的核心器件是一个间接型的 A/D 转换器。首先将输入的模拟电压信号转换为易于准确测量的时间量；然后在这个时间宽度中用计数器计时，计数结果正比于输入模拟电压信号的数字量。

（1）U—T 变换型双积分 A/D 转换器

图 45-1 是双积分 A/D 转换器的控制逻辑框图。它由积分器（包括运算放大器 A_1 和 RC 积分网络）、过零比较器 A_2、N 位二进制计数器、开关控制电路、门控电路 G、参考电压 U_R 及时钟脉冲源 CP 组成。

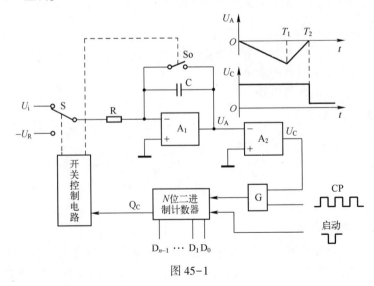

图 45-1

在转换开始前，先将计数器清 0，并通过开关控制电路使开关 S_0 接通，将电容 C 充分放电。由于计数器的进位输出 $Q_C = 0$，开关控制电路使开关 S_0 接通 U_i，模拟电压与积分器接通，同时，门控电路 G 被封锁，计数器不工作。积分器的输出 U_A 线性下降，经过零比较器 A_2 获得方波 U_C，打开门控电路 G，计数器开始计数，当输入 2^n 个时钟脉冲后，$t = T_1$，计数器的输出端 $D_{n-1} \sim D_0$ 由 $111\cdots1$ 回到 $000\cdots0$，进位输出 $Q_C = 1$ 作为定时控制信号，通过开关控制电路将开关 S_0 转换至基准电压源 $-U_R$，积分器向相反的方向积分，U_A 开始线性上升，计数器重新从 0 开始计数，直到 $t = T_2$，U_A 下降到 0V，比较器输出正方形波形结束。此时，计数器暂存的二进制数字就是 U_i 相对应的二进制数码。

（2）三位半双积分 A/D 转换器 CC14433 的性能特点

CC14433 是 CMOS 双积分式三位半 A/D 转换器，有 24 个引脚，采用双列直插式。CC14433 的引脚排列如图 45-2 所示。

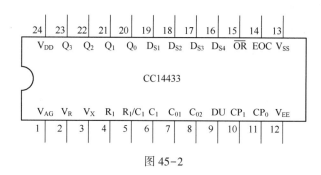

图 45-2

CC14433 的引脚功能说明如下。

V_{AG}（1 脚）：被测电压 U_X 和基准电压 U_R 的参考地。

V_R（2 脚）：外接基准电压（2V 或 200mV）的输入端。

V_X（3 脚）：被测电压的输入端。

R_1（4 脚）、R_1/C_1（5 脚）、C_1（6 脚）：外接积分阻容元器件端。

$C_1 = 0.1\mu F$（聚酯薄膜电容器）；$R_1 = 470k\Omega$（2V 量程）；$R_1 = 47k\Omega$（200mV 量程）。

C_{01}（7 脚）、C_{02}（8 脚）：外接失调补偿电容端，典型值为 $0.1\mu F$。

DU（9 脚）：实时显示控制输入端。若与 EOC（14 脚）连接，则每次的 A/D 转换均显示。

CP_1（10 脚）、CP_0（11 脚）：时钟振荡外接电阻端，典型值为 $470k\Omega$。

V_{EE}（12 脚）：电路的电源最负端，接 $-5V$。

V_{SS}（13 脚）：除 CP 外的所有输入端低电平基准（通常与 1 脚连接）。

EOC（14 脚）：转换周期结束标记输出端，每一次的 A/D 转换周期结束，EOC 均输出一个正脉冲，宽度为时钟周期的二分之一。

$\overline{OR}$（15 脚）：过量程标志输出端，当 $|U_X| > U_R$ 时，输出低电平。

$D_{S4} \sim D_{S1}$（16~19 脚）：多路选通脉冲输入端，D_{S1} 对应千位，D_{S2} 对应百位，D_{S3} 对应十位，D_{S4} 对应个位。

$Q_0 \sim Q_3$（20～23 脚）：BCD 码数据输出端，在 D_{S2}、D_{S3}、D_{S4} 选通脉冲期间，输出三位完整的十进制数，在 D_{S1} 选通脉冲期间，输出千位 0 或 1 及过量程、欠量程和被测电压极性标志信号。

CC14433 具有自动调零、自动极性转换等功能，可测量正或负的电压值。当 CP_1、CP_0 引脚连接 470kΩ 电阻时，时钟频率约为 66kHz，每秒钟可进行 4 次 A/D 转换。CC14433 使用调试简便，能与微处理机或其他的数字系统兼容，广泛用在数字面板表、数字万用表、数字温度计、数字量具及遥测、遥控系统中。

（3）三位半直流数字电压表的组成（实验线路）

三位半直流数字电压表的线路图如图 45-3 所示。

① 被测直流电压 U_X 经 A/D 转换后以动态扫描形式输出，数字量输出端 Q_0、Q_1、Q_2、Q_3 的数字信号（8421 码）按照时间的先后顺序输出；位选信号 D_{S1}、D_{S2}、D_{S3}、D_{S4} 通过位选开关 MC1413 分别控制千位、百位、十位及个位上四个 LED 数码管的公共阴极；数字信号经七段译码器 CC4511 译码后，驱动四个 LED 数码管的各段阳极。这样就将 A/D 转换器按时间顺序输出的数据以扫描的形式在四个数码管上依次显示出来。由于选通重复频率较高，在工作时从高位到低位以每位每次约为 300μs 的速率循环显示，即一个 4 位数的显示周期为 1.2ms，因此人的肉眼就能清晰地看到四个数码管同时显示三位半十进制的数字量。

② 当参考电压 $U_R = 2V$ 时，满量程显示 1.999V；$U_R = 200mV$ 时，满量程显示 199.9mV。可以通过选择开关控制千位和十位数码管，经限流电阻实现对相应小数点的显示控制。

③ 显示最高位（千位）时，只有 b、c 两根线与 LED 数码管的 b、c 引脚连接，千位只显示 1 或不显示，用千位的 g 笔段显示模拟量的负值（正值不显示），即由 CC14433 的 Q_2 端通过 NPN 晶体管 9013 控制 g 笔段。

④ 精密基准电源 MC1403。A/D 转换器需要外接标准电压源。标准电压源的精度应当高于 A/D 转换器的精度。本实验采用 MC1403 精密基准电源作为参考电压。MC1403 的输出电压为 2.5V，当输入电压为 4.5～15V 时，输出电压的变化不超过 3mV，一般只有 0.6mV 左右，输出最大电流为 10mA。

MC1403 的引脚排列如图 45-4 所示。

实验使用 CMOS BCD 七段译码/驱动器 CC4511。

MC1413 采用 NPN 达林顿复合晶体管结构，有很高的电流增益和很高的输入阻抗，可直接接受 MOS 或 CMOS 集成电路的输出信号，并将电压信号转换为足够大的电流信号驱动各种负载，内含 7 个集电极开路反相器（也称 OC 门）。MC1413 的电路结构和引脚排列如图 45-5 所示。它采用 16 引脚的双列直插式封装，每个驱动器的输出端均接有一个释放电感负载能量的抑制二极管。

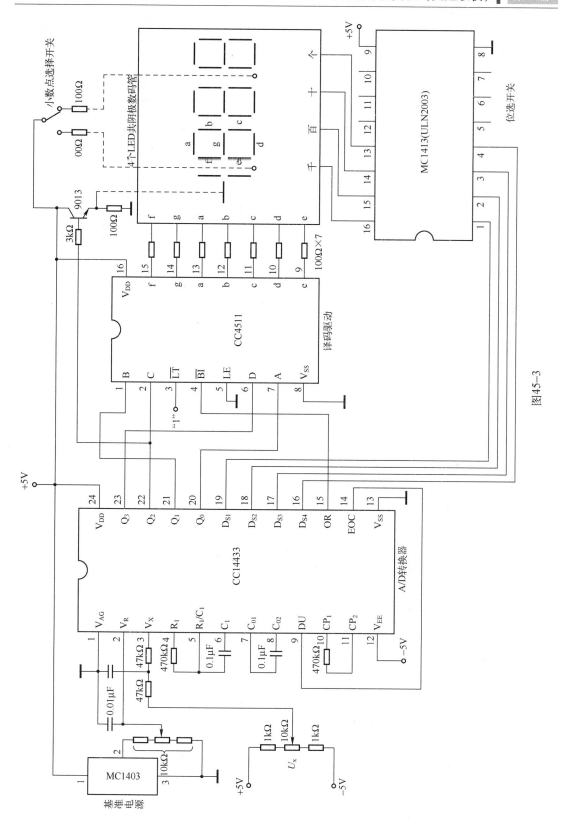

图45-3

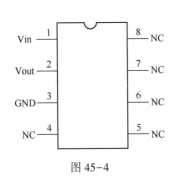

图 45-4

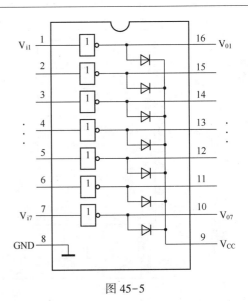

图 45-5

3. 实验设备与元器件

（1）±5V 直流电源。

（2）双踪示波器。

（3）直流数字电压表。

（4）按线路图 45-3 的要求自拟元器件清单。

4. 实验内容

本实验要求按图 45-3 组装并调试好一块三位半直流数字电压表。

（1）数码显示部分的组装与调试。

① 建议将 4 个数码管插入 40P 集成电路的插座上，将 4 个数码管的同名笔段与显示译码的相应输出端连在一起。其中，最高位只将 b、c、g 笔段接入电路，按图 45-3 接好连线，暂不插所有的芯片，待用。

② 插好芯片 CC4511 和 MC1413，并将 CC4511 的输入端 A、B、C、D 接至拨码开关对应的 A、B、C、D 四个插口处，将 MC1413 的 1、2、3、4 脚接至逻辑开关的输出插口处。

③ 将 MC1413 的 2 脚置"1"，1、3、4 脚置"0"，接通电源，拨动码盘（按"+"或"−"键）按 0~9 的顺序变化，检查数码管是否按码盘的指示值变化。

④ 检查译码显示是否正常。

⑤ 分别将 MC1413 的 3、4、1 脚单独置"1"，重复③的内容。

如果 4 个数码管显示均正常，则去掉数字译码显示部分的电源，备用。

（2）标准电压源的连接和调整。

连接 MC1403 的基准电源，用标准数字电压表检查输出是否为 2.5V 后，调整 10kΩ 电位器，使输出电压为 2.00V，调整结束后，去掉电源线，供组装时使用。

（3）组装总调。

① 连接好芯片 CC14433，接图 45-3 接好全部线路。

② 将输入端接地，接通+5V、−5V 电源（先接好地线），显示器显示 000，如果没有显

示 000，则应检测电源的正、负电压，用示波器测量并观测 $D_{S1} \sim D_{S4}$、$Q_0 \sim Q_3$ 的波形，判别故障的位置。

③ 用电阻、电位器构成一个简单的输入电压 U_X 调节电路，调节电位器，4 个数码管应相应变化，然后进入下一步的精调。

④ 用标准数字电压表（或用数字万用表代替）测量输入电压，调节电位器，使 $U_X =$ 1.000V，此时被调电路的电压指示值不一定显示 1.000，应调整基准电压源，使指示值与标准电压表误差的个位数在 5 以内。

⑤ 改变输入电压 U_X 的极性，使 $U_X = -1.000$V，检查是否显示"−"，并按④的方法校准显示值。

⑥ 在 +1.999V ~ 0 ~ −1.999V 量程内再一次仔细调整基准电源电压，使全部量程内误差的个位数均不超过 5。

至此，一个测量范围为 ±1.999 的三位半数字直流电压表调试成功。

（4）记录输入电压为 ±1.999V、±1.500V、±1.000V、±0.500V、0.000V（标准数字电压表的读数）时，被调数字电压表的显示值并列表记录。

（5）用自制的数字电压表测量正、负电源电压，应如何测量？试设计扩程测量电路。

（6）将积分电容 C_1、C_{02}（0.1μF）换为普通金属化纸介电容，观察测量精度的变化。

5. 预习要求

（1）本实验是一个综合性实验，应进行充分的准备。

（2）仔细分析图 45-3 各部分电路的连接及工作原理。

（3）当参考电压 U_R 上升时，显示值增大还是减少？

（4）要使显示值保持某一时刻的读数，则应如何改动电路？

6. 实验报告

（1）绘出三位半直流数字电压表的电路接线图。

（2）阐明组装、调试步骤。

（3）说明在调试过程中遇到的问题和解决的方法。

（4）写出组装、调试数字电压表的心得体会。

实验 46　温度监测和控制电路的连接与调试

1. 实验目的

（1）学习由双臂电桥和差动输入集成运算放大器组成的桥式放大电路。

（2）掌握滞回比较器的性能和调试方法。

（3）学会测量和调试。

2. 实验原理

（1）温度监测和控制实验电路如图 46-1 所示。该电路是由负温度系数热敏电阻（NTC 元器件）Rt 作为一臂组成的测温电桥。其输出经测量放大器放大后，由滞回比较器输出"加热"和"停止"信号，经三极管放大，控制加热器的"加热"和"停止"。改变滞回比

较器的比较电压 U_R 即可改变控温的范围。控温精度由滞回比较器的滞回宽度确定。

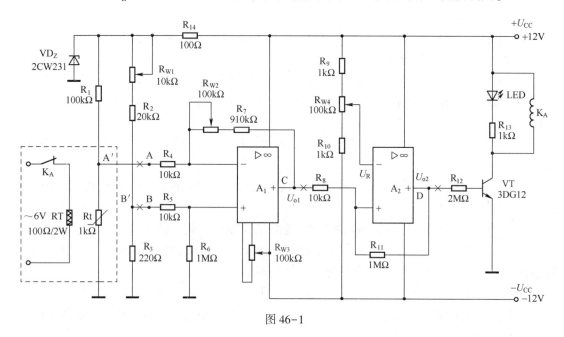

图 46-1

① 测温电桥。

测温电桥由 R_1、R_2、R_3、R_{W1} 及 Rt 组成。其中，Rt 是温度传感器。其阻值与温度为线性变化关系，具有负温度系数。温度系数与流过的工作电流有关。为了稳定 Rt 的工作电流，达到稳定温度系数的目的，在电路中设置稳压管 VD_Z。R_{W1} 可决定测温电桥的平衡。

② 差动放大电路。

差动放大电路由 A_1 及外围电路组成，可将测温电桥的输出电压 ΔU 按比例放大。输出电压为

$$U_{o1} = -\left(\frac{R_7 + R_{W2}}{R_4}\right)U_A + \left(\frac{R_4 + R_7 + R_{W2}}{R_4}\right)\left(\frac{R_6}{R_5 + R_6}\right)U_B$$

当 $R_4 = R_5$，$R_7 + R_{W2} = R_6$ 时

$$U_{o1} = \frac{R_7 + R_{W2}}{R_4}(U_B - U_A)$$

R_{W3} 用于差动放大器调零。

可见，差动放大电路的输出电压 U_{o1} 仅取决于两个输入电压之差和外部电阻的比值。

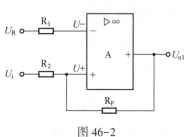

图 46-2

③ 滞回比较器。

滞回比较器的单元电路如图 46-2 所示。设比较器的输出高电平为 U_{oH}，输出低电平为 U_{oL}，参考电压 U_R 加在反相输入端。

当输出为高电平 U_{oH} 时，运算放大器的同相输入端电位为

148

$$U_{+H} = \frac{R_F}{R_2 + R_F} U_i + \frac{R_2}{R_2 + R_F} U_{oH}$$

当 U_i 减小到使 $U_{+H} = U_R$ 时，即

$$U_i = U_{TL} = \frac{R_2 + R_F}{R_F} U_R - \frac{R_2}{R_F} U_{oH}$$

此后，U_i 稍有减小，输出就从高电平跳变为低电平。

当输出为低电平 U_{oL} 时，运算放大器的同相输入端电位为

$$U_{+L} = \frac{R_F}{R_2 + R_F} U_i + \frac{R_2}{R_2 + R_F} U_{oL}$$

当 U_i 增大到使 $U_{+L} = U_R$ 时，即

$$U_i = U_{TH} = \frac{R_2 + R_F}{R_F} U_R - \frac{R_2}{R_F} U_{oL}$$

此后，U_i 稍有增加，输出又从低电平跳变为高电平。

因此，U_{TL} 和 U_{TH} 为输出电平跳变时对应的输入电平，常称 U_{TL} 为下门限电平，U_{TH} 为上门限电平，两者的差值

$$\Delta U_T = U_{TH} - U_{TL} = \frac{R_2}{R_F}(U_{oH} - U_{oL})$$

被称为门限宽度，可通过调节 R_2/R_F 的比值调节大小。

图 46-3 为滞回比较器的电压传输特性。

由上述分析可见，差动放大器的输出电压 U_{o1} 经分压后与 A_2 组成滞回比较器，与反相输入端的参考电压 U_R 相比较，当同相输入端的电压大于反相输入端的电压时，A_2 输出正饱和电压，三极管 VT 饱和导通，通过发光二极管 LED 的发光情况判断负载的工作状态为加热；反之，当同相输入端电压小于反相输入端电压时，A_2 输出负饱和电压，三极管 VT 截止，LED 熄灭，负载的工作状态为停止。调节 R_{W4} 可改变参考电平，同时也调节了上、下门限电平，达到设定温度的目的。

3. 实验任务

按图 46-1 连接实验电路，各级之间暂不连通，形成各级单元电路，以便在各单元分别进行调试。

（1）差动放大器

差动放大电路如图 46-4 所示。该电路可实现差动比例运算。

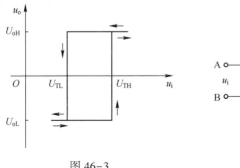

图 46-3

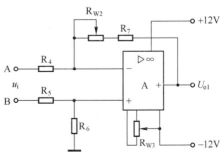

图 46-4

① 运放调零：将 A、B 两端对地短路，调节 R_{W3} 使 $U_o = 0$。

② 去掉 A、B 端的对地短路线，从 A、B 端分别加入不同的两个直流信号，当 $R_7 + R_{W2} = R_6$，$R_4 = R_5$ 时，输出电压为

$$U_o = \frac{R_7 + R_{W2}}{R_4}(U_B - U_A)$$

在测量时，要注意加入的输入电压不能太大，以免差动放大器的输出进入饱和区。

③ 将 B 端对地短路，将频率为 100Hz、有效值为 10mV 的正弦波加在 A 端，用示波器观测输出波形。在输出波形不失真的情况下，用交流毫伏表测量 u_i 和 u_o，计算电压放大倍数 A。

（2）桥式测温放大电路

将差动放大电路的 A、B 端与测温电桥的 A′、B′端相连即可构成桥式测温放大电路。

① 在室温下使电桥平衡。

在室温条件下，调节 R_{W1} 的阻值使差动放大器的输出 $U_o = 0$（注意：在前面实验中调好的 R_{W3} 不能再动）。

② 温度系数 $K(V/C)$。

由于测温需要升温槽，因此为使实验简化，可虚设室温 T 和输出电压 U_{o1}，温度系数 K 也定为一个常数，将具体参数填在表 46-1 中。

表 46-1

室温 $T(℃)$				
输出电压 $U_{o1}(V)$				

从表 46-1 中可得到 $K = \Delta U / \Delta T$。

③ 桥式测温放大电路的温度—电压关系曲线。

根据前面测温放大器的温度系数 K 可画出桥式测温放大电路的温度—电压关系曲线。在实验时，要标注相关的温度和电压值，如图 46-5 所示。从图中可求得在其他温度时，桥式测温放大器实际应输出的电压值，也可得到在当前室温时，U_{o1} 实际的对应值 U_S。

④ 重调 R_{W1}，使桥式测温放大电路在当前室温下输出 U_S，即调节 R_{W1}，使 $U_{o1} = U_S$。

（3）滞回比较器

滞回比较器电路如图 46-6 所示。

① 采用直流法测量滞回比较器的上、下门限电平。

首先确定参考电平 U_R，调节 R_{W4}，使 $U_R = 2V$；然后将可变直流电压 U_i 加到滞回比较器的输入端，将滞回比较器的输出电压 U_o 送入示波器的 Y 轴输入端（将示波器的"输入耦合方式"开关置于"DC"，X 轴"扫描触发方式"开关置于"自动"），改变直流输入电压 U_i 的大小，即可从示波器的屏幕上观测到 U_o 跳变时所对应的 U_i。

② 采用交流法测量电压传输特性。

将频率为 100Hz、幅度 3V 的正弦信号加入滞回比较器的输入端，同时送入示波器的 X 轴输入端作为 X 轴的扫描信号。滞回比较器的输出信号送入示波器的 Y 轴输入端。微调正弦信号的大小，即可从示波器的屏幕上观测到完整的电压传输特性曲线。

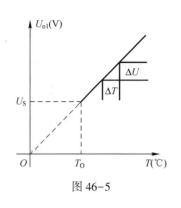

图 46-5

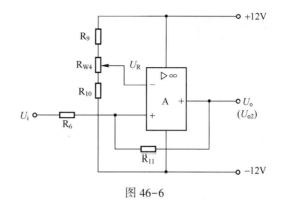

图 46-6

（4）温度监测控制电路的工作状况

① 按图 46-1 连接各级电路（注意：可调电阻器 R_{W1}、R_{W2}、R_{W3} 不能随意变动。如有变动，则必须重新进行前面的内容）。

② 根据需要监测温度 T，从测温放大电路温度—电压关系曲线中确定对应的 U_{o1}。

③ 调节 R_{W4} 使参考电压 $U'_R = U_R = U_{o1}$。

④ 用加热器升温，观测温升的情况，直至报警电路动作并报警（在实验电路中，将 LED 发光作为报警），记录报警动作时对应的温度 T_1 和电压 U_{o1}。

⑤ 用自然降温法使热敏电阻降温，记录报警被解除时对应的温度 T_2 和电压 U_{o2}。

⑥ 改变控制温度 T，重新测量②③④⑤，将测量结果记录在表 46-2 中。

表 46-2

	设定温度 $T(℃)$						
设定电压	从曲线上查得 $U_{o1}(V)$						
	$U_R(V)$						
动作温度	T_1（℃）						
	T_2（℃）						
动作电压	$U_{o1}(V)$						
	$U_{o2}(V)$						

根据 T_1 和 T_2 可得到灵敏度 $T_0 = T_2 - T_1$。

注：实验中的加热装置可用一个 $100\Omega/2W$ 的电阻模拟，阻值接近 Rt 的阻值即可。

4. 实验设备与元器件

（1）±12V 直流电源。

（2）函数信号发生器。

（3）双踪示波器。

（4）热敏电阻（NTC）。

（5）运算放大器 μA741×2、三极管 3DG12、稳压二极管 2CW231、发光管 LED。

5. 实验报告与要求

（1）整理实验数据，画出相关曲线、填写数据表格及连接实验线路。

（2）用方格纸画出测温放大电路的温度系数曲线和滞回比较器的电压传输特性曲线。

（3）总结在实验中的故障排除情况和体会。

6. 预习要求

（1）阅读教材中有关集成运算放大器应用部分的章节，了解由集成运算放大器构成差动放大器的性能和特点。

（2）根据实验任务，拟出实验步骤和测量内容，画出数据记录表格。

（3）依照实验线路板上集成运放插座的位置，从左到右安排前后各级电路。

画出元器件排列和布线图。元器件排列既要紧凑，又不能相碰，以便缩短连线，防止引入干扰，同时又要便于实验中测量方便。

（4）思考并回答下列问题：

① 如果放大器不调零，将会引起什么结果？

② 如何设定温度检测控制点？

实验 47　组合逻辑电路的设计与测量

1. 实验目的

掌握组合逻辑电路的设计与测量方法。

2. 实验原理

（1）使用中、小规模集成电路设计和组合的电路是最常见的逻辑电路。设计和组合电路的流程如图 47-1 所示。

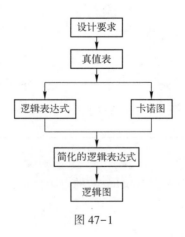

图 47-1

根据设计要求建立输入、输出变量，在列出真值表后，用逻辑表达式或卡诺图求出简化的逻辑表达式，按实际选用逻辑门的类型修改逻辑表达式，根据简化的逻辑表达式画出逻辑图，用标准器件构成逻辑电路后，用实验验证设计的正确性。

（2）组合逻辑电路设计举例。

用"与非门"设计一个表决电路，当四个输入端中有三个或四个为"1"时，输出端才为"1"。

设计步骤：根据题意列出真值表，见表47-1，再填入卡诺表47-2中。

表 47-1

D	0	0	0	0	0	0	0	0	1	1	1	1	1	1	1	1
A	0	0	0	0	0	1	1	1	1	0	0	0	0	1	1	1	1
B	0	0	1	1	0	0	1	1	0	0	1	1	0	0	1	1
C	0	1	0	1	0	1	0	1	0	1	0	1	0	1	0	1
Z	0	0	0	0	0	0	0	1	0	0	0	1	0	1	1	1

表 47-2

BC	DA			
	00	01	11	10
00				
01			1	
11		1	1	1
10			1	

由卡诺图得出逻辑表达式，并演化为"与非"的形式，即

$$Z = ABC + BCD + ACD + ABD$$

$$= \overline{\overline{ABC} \cdot \overline{BCD} \cdot \overline{ACD} \cdot \overline{ABD}}$$

根据逻辑表达式画出用"与非门"构成的逻辑电路如图47-2所示。

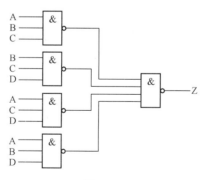

图 47-2

（3）用实验验证逻辑功能。

在实验装置的适当位置选定三个14P的插座，按照集成电路的定位标记插好74LS20，按图47-2接线，输入端A、B、C、D接至逻辑开关的输出插口，输出端Z连接逻辑电平显示输入插口，按真值表（自拟）的要求逐次改变输入变量，测量相应的输出值，验证逻辑功能，与表47-1进行比较，验证所设计的逻辑电路是否符合要求。

3. 实验设备与元器件

（1）+5V 直流电源。

（2）逻辑电平开关。

（3）逻辑电平显示器。

（4）直流数字电压表。

（5）74LS00×2（CC4011）。

（6）74LS20×3（CC4012）。

（7）74LS08（CC4081）。

（8）74LS02（CC4001）。

（9）CC4030（74LS86）。

（10）CC4085（74LS54）。

4. 实验内容

（1）设计用与非门、异或门、与门组成半加器电路，要求按本实验的设计步骤，直到测量电路的逻辑功能符合设计要求。

（2）设计一个一位全加器，要求用异或门、与门、或门组成。

（3）设计一个全加器，要求用与或门组成。

（4）设计一个对两个两位数的无符号二进制数进行比较的电路，根据第一个数是否大于、等于、小于第二个数，使相应三个输出端中的一个输出端为"1"，要求用与门、与非门及非门组成。

5. 预习要求

（1）根据实验要求设计和组合电路，并根据所给的标准器件画出逻辑图。

（2）如何用最简单的方法验证"与或非门"的逻辑功能是否完好？

（3）在"与或非门"中，当某一组与端不用时，应如何处理？

6. 实验报告

（1）写出实验任务的设计过程，画出设计电路图。

（2）对所设计的电路进行实验测量，并记录测量结果。

（3）总结设计和组合电路的体会。

实验 48　智力竞赛抢答装置的设计

1. 实验目的

（1）学习 D 触发器、分频电路、多谐振荡器及 CP 时钟脉冲源等单元电路的综合运用。

（2）熟悉智力竞赛抢答装置的工作原理。

（3）了解简单数字系统的实验、调试及排除故障的方法。

2. 实验原理

图 48-1 为智力竞赛抢答装置的线路图，用来判断抢答的优先权。

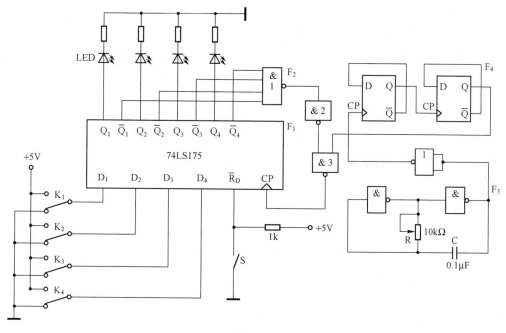

图 48-1

图中，F_1 为四 D 触发器 74LS175，具有公共置 0 端和公共 CP 端，引脚排列可查阅相关的教材；F_2 为双四输入与非门 74LS20；F_3 是由 74LS00 组成的多谐振荡器；F_4 是由 74LS74 组成的四分频电路；F_3、F_4 组成抢答装置中的 CP 时钟脉冲源。在抢答开始时，主持人按下复位开关 S，清除信号，74LS175 的输出 $Q_1 \sim Q_4$ 全为 0，所有的发光二极管 LED 均熄灭；当主持人宣布"抢答开始"后，首先作出判断的参赛者立即按下开关，对应的发光二极管点亮，同时，通过与非门 F_2 送出信号，锁住其余三个参赛者的电路不再接受其他的信号，直到主持人再次清除信号。

3. 实验设备与元器件

（1）+5V 直流电源。

（2）逻辑电平开关。

（3）逻辑电平显示器。

（4）双踪示波器。

（5）数字频率计。

（6）直流数字电压表。

（7）74LS175、74LS20、74LS74、74LS00。

4. 实验内容

（1）测量各触发器和各逻辑门的逻辑功能。

（2）按图 48-1 接线，抢答装置的 5 个开关连接逻辑开关，发光二极管连接逻辑电平显示器。

（3）断开抢答装置中的 CP 时钟脉冲源电路，单独对多谐振荡器 F_3 和分频电路 F_4 进行调试，调整多谐振荡器的 10kΩ 电位器，使输出脉冲的频率约为 4kHz，观察 F_3 和 F_4 的输出波形并测量频率。

（4）测量抢答装置的功能。

接通+5V 电源，74LS175 的 CP 端输出连续时钟脉冲源，取重复频率约为 1kHz。

① 在抢答开始前，开关 K_1、K_2、K_3、K_4 均置"0"，准备抢答，将开关 S 置"0"，发光二极管全熄灭，再将 S 置"1"；抢答开始，K_1、K_2、K_3、K_4 中的某一开关置"1"，观察发光二极管的亮、灭情况，再将其他三个开关中的任意一个置"1"，观察发光二极的亮、灭是否改变。

② 重复①的内容，改变 K_1、K_2、K_3、K_4 中的任意一个开关状态，观察抢答装置的工作情况。

③ 整体测量。断开连续时钟脉冲源，接入 F_3 和 F_4 后进行实验。

5. 预习要求

在图 48-1 中加一个计时功能，要求计时电路的显示时间精确到秒，最多限制为 2min，一旦超出限时，则取消抢答权，如何改进电路？

6. 实验报告

（1）分析智力竞赛抢答装置各部分的功能和工作原理。

（2）总结数字系统的设计、调试方法。

（3）分析在实验中出现的故障和解决办法。

实验 49　电子秒表的设计

1. 实验目的

（1）学习基本 RS 触发器、单稳态触发器、时钟发生器及计数、译码显示等单元电路的综合应用。

（2）学习电子秒表的调试方法。

2. 实验原理

图 49-1 为电子秒表的原理图，按功能可分为四个单元电路。

（1）基本 RS 触发器

图 49-1 中，单元 I 是由集成与非门构成的基本 RS 触发器，属于低电平直接触发的触发器，有直接置位、复位功能，输出 $\overline{Q}$ 作为单稳态触发器的输入，输出 Q 作为与非门 5 的输入控制信号。

按动按钮开关 K_2（接地），门 1 输出 $\overline{Q}=1$，门 2 输出 $Q=0$；K_2 复位后，Q、$\overline{Q}$ 的状态保持不变；按动按钮开关 K_1，则 Q 由 0 变为 1，门 5 开启，为启动计数器做好准备，$\overline{Q}$ 由 1 变为 0，送出负脉冲，启动单稳态触发器工作。

基本 RS 触发器在电子秒表中的职能是启动和停止秒表的工作。

（2）单稳态触发器

图 49-1 中，单元 II 是由集成与非门构成的微分型单稳态触发器。图 49-2 为其各点的波形图。

单稳态触发器的输入触发负脉冲信号 U_i 由基本 RS 触发器的 $\overline{Q}$ 端提供，输出负脉冲 U_o 通过非门加到计数器的清除端 Ro。

静态时，门 4 处在截止状态，电阻 R 的阻值必须小于关门电阻 R_{Off} 的阻值。定时元器件 R、C 的取值不同，输出脉冲宽度也不同。当触发脉冲宽度小于输出脉冲宽度时，可以省去输入微分电路的 R_p 和 C_p。

单稳态触发器在电子秒表中的职能是为计数器提供清 0 信号。

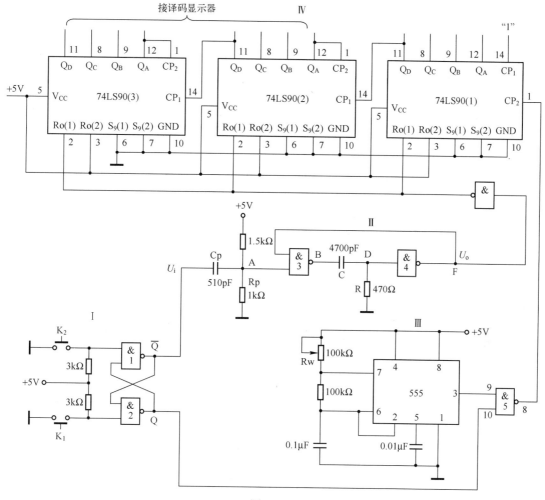

图 49-1

（3）时钟发生器

图 49-1 中，单元Ⅲ是由 555 定时器构成的多谐振荡器，是一种性能较好的时钟源。调节电位器 Rw 的阻值，使 555 的输出端 3 获得频率为 50Hz 的矩形波信号，当基本 RS 触发器的 Q=1 时，门 5 开启，此时 50Hz 的矩形波信号通过门 5 作为计数脉冲加在 74LS90（1）的计数输入端 CP_2。

（4）计数和译码显示

由二—五—十进制加法计数器 74LS90 可构成电子秒表的计数单元，如图 49-1 所示中的单元Ⅳ。其中，74LS90（1）接成五进制形式，对频率为 50Hz 的时钟脉冲进行五分频，在输出端 Q_D 可得周期为 0.1s 的矩形脉冲，并作为 74LS90（2）的时钟输入信号。74LS90（2）和 74LS90（3）接成 8421 码的十进制形式，输出端与译码显示单元的相应输入端连接，显示 0.1~0.9s、1~9.9s。

74LS90 是异步二—五—十进制加法计数器，既可以作为二进制的加法计数器，又可以作为五进制和十进制的加法计数器。

图 49-3 为 74LS90 的引脚排列。表 49-1 为 74LS90 的功能表。

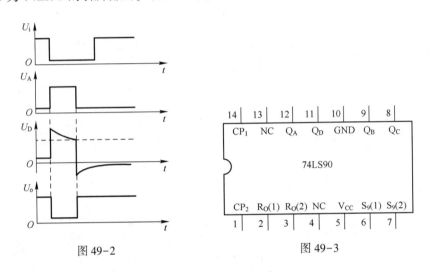

图 49-2　　　　　　　　　　　　　　　　图 49-3

表 49-1

输　　入						输　　出				功　　能
清　0		置　9		时　钟						
$R_O(1)$	$R_O(2)$	$S_9(1)$	$S_9(2)$	CP_1	CP_2	Q_D	Q_C	Q_B	Q_A	
1	1	0	×	×	×	0	0	0	0	清 0
		×	0							
0	×	1	1	×	×	1	0	0	1	置 9
×	0	1	1							
0	×	0	×	↓	1		Q_A 输出			二进制计数
×	0	×	0	1	↓		Q_D、Q_C、Q_B 输出			五进制计数
				↓	Q_A	Q_D、Q_C、Q_B、Q_A 输出 8421BCD 码				十进制计数
				Q_D	↓	Q_A、Q_D、Q_C、Q_B 输出 5421BCD 码				十进制计数
				1	1	不　变				保　持

74LS90 通过不同的连接方式可以实现四种不同的逻辑功能，可借助 $R_O(1)$、$R_O(2)$ 清 0，借助 $S_9(1)$、$S_9(2)$ 置 9。

① 计数脉冲从 CP_1 输入，Q_A 作为输出端，为二进制计数器。

② 计数脉冲从 CP_2 输入，Q_D、Q_C、Q_B 作为输出端，为异步五进制加法计数器。

③ 若将 CP_2 与 Q_A 连接，计数脉冲由 CP_1 输入，Q_D、Q_C、Q_B、Q_A 作为输出端，则构成异步 8421BCD 码十进制加法计数器。

④ 若将 CP_1 与 Q_D 连接，计数脉冲由 CP_2 输入，Q_A、Q_D、Q_C、Q_B 作为输出端，则构成异步 5421BCD 码十进制加法计数器。

⑤ 异步清 0、置 9 功能。

a. 异步清 0。

当 $R_0(1)$、$R_0(2)$ 均为"1"，$S_9(1)$、$S_9(2)$ 中有"0"时，可实现异步清 0 功能，即 $Q_D Q_C Q_B Q_A = 0000$。

b. 置 9 功能。

当 $S_9(1)$、$S_9(2)$ 均为"1"，$R_0(1)$、$R_0(2)$ 中有"0"时，可实现置 9 功能，即 $Q_D Q_C Q_B Q_A = 1001$。

3. 实验设备与元器件

（1）+5V 直流电源。

（2）双踪示波器。

（3）直流数字电压表。

（4）数字频率计。

（5）逻辑电平开关。

（6）逻辑电平显示器。

（7）译码显示器。

（8）单次脉冲源。

（9）连续脉冲源。

（10）74LS00×2、555×1、74LS90×3，电位器、电阻、电容若干。

4. 实验内容

由于实验电路中使用的元器件较多，因此在实验前必须合理安排各元器件在实验装置上的位置，使电路逻辑清楚，接线较短。

在实验时，应按照实验任务的次序，将各单元电路逐个进行接线和调试，即分别测量基本 RS 触发器、单稳态触发器、时钟发生器及计数器的逻辑功能，待各单元电路工作正常后，再逐级连接起来进行测量，直到测量电子秒表整个电路的功能。

这样的测量方法有利于检查和排除故障，保证实验的顺利进行。

（1）静态测量

用直流数字电压表测量 A、B、D、F 各点的电位值并记录。

（2）动态测量

在输入端连接 1kHz 的连续时钟脉冲源，用双踪示波器观测并描绘 D 点（U_D）、F 点（U_o）的波形，如单稳态输出脉冲持续时间太短，难以观测，则可适当加大微分电容 C（如改为 $0.1\mu F$），待测量完毕后，再恢复为 4700pF。

（3）时钟发生器的测量

用双踪示波器观测输出电压波形并测量频率，调节 R_W 的阻值，使输出矩形波的频率为 50Hz。

（4）计数器的测量

① 将74LS90（1）接成五进制形式，$R_0(1)$、$R_0(2)$、$S_9(1)$、$S_9(2)$连接逻辑开关输出插口，CP_2连接单次脉冲源，CP_1连接高电平"1"，$Q_D \sim Q_A$连接实验设备上的译码显示输入端D、C、B、A，测量逻辑功能并记录数据。

② 将74LS90（2）和74LS90（3）连接为8421BCD码十进制形式，按①进行逻辑功能测量并记录数据。

③ 将74LS90（1）、74LS90（2）、74LS90（3）级联后，测量逻辑功能并记录数据。

（5）电子秒表的整体测量

各单元电路测量正常后，按图49-1将几个单元电路连接起来，进行电子秒表的整体测量。

先按一下按钮开关K_2，电子秒表不工作，再按一下按钮开关K_1，计数器清0后开始计时，观察数码管显示的计数情况是否正常，如不需要计时或暂停计时，则按一下开关K_2，计时立即停止，数码管保留此时的计时数值。

（6）电子秒表准确度的测量

利用电子钟或手表的秒计时对电子秒表进行校准。

5. 实验报告

（1）总结电子秒表的整个调试过程。

（2）分析在调试中发现的问题及排除故障的方法。

6. 预习要求

（1）复习RS触发器、单稳态触发器、时钟发生器及计数器等部分的内容。

（2）除本实验所采用的时钟源，再选用另外两种不同类型的时钟源进行实验，画出电路图，选取元器件。

（3）列出电子秒表单元电路的测量表格。

（4）列出调试电子秒表的步骤。

实验50 函数信号发生器的组装与调试

1. 实验目的

（1）了解函数信号发生器的功能及特点。

（2）进一步掌握波形参数的测量方法。

2. 实验原理

（1）ICL8038是单片集成函数信号发生器。其内部原理框图如图50-1所示，由恒流源I_1和I_2、电压比较器A和B、触发器、缓冲器及三角波变正弦波电路等组成。

外接电容C与两个恒流源进行充电和放电。电压比较器A和B的阈值分别为电源电压$U_{CC}+U_{EE}$的2/3和1/3。恒流源I_1和I_2可通过外接电阻调节，必须$I_2>I_1$。当触发器的输出为低电平时，恒流源I_2断开，恒流源I_1给C充电。C两端的电压U_C随时间线性上升，当U_C

达到电源电压的 2/3 时，电压比较器 A 的输出电压发生跳变，使触发器的输出由低电平变为高电平，恒流源 I_2 接通。由于 $I_2 > I_1$（设 $I_2 = 2I_1$），恒流源 I_2 将电流 $2I_1$ 加到 C 上进行反充电，相当于在 C 上由一个净电流 I_1 进行放电，C 两端的电压 U_C 又转为直线下降，当下降到电源电压的 1/3 时，电压比较器 B 的输出电压发生跳变，使触发器的输出由高电平跳变为原来的低电平，恒流源 I_2 断开，I_1 再给 C 充电，如此周而复始，产生振荡。若调整电路使 $I_2 = 2I_1$，则触发器的输出为方波，经反相缓冲器由⑨脚输出方波信号，经电压跟随器从③脚输出三角波信号。将三角波变成正弦波需要经过一个非线性的变换电路（正弦波变换器）才能实现，在非线性的变换电路中，当三角波的电位向两端顶点摆动时，电路提供的交流通路阻抗会减小，使三角波的两端变为平滑的正弦波，从②脚输出。

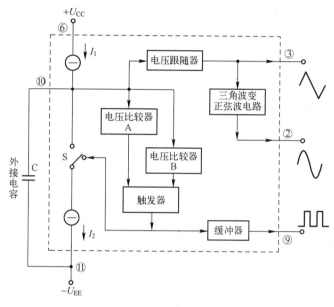

图 50-1

（2）ICL8038 的引脚功能如图 50-2 所示。

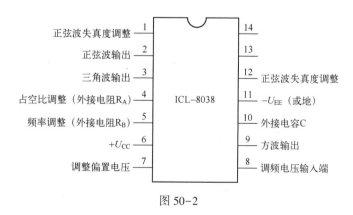

图 50-2

（3）ICL8038 实验电路如图 50-3 所示。

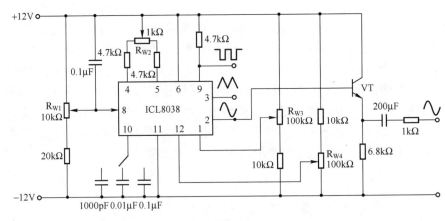

图 50-3

3. 实验设备与元器件

（1）±12V 直流电源。

（2）双踪示波器。

（3）直流电压表。

（4）频率计。

（5）ICL8038。

（6）三极管 3DG12×1（9013）、电位器、电阻器、电容器等。

4. 实验内容

（1）按图 50-3 连接电路，取 $C=0.01\mu F$，R_{W1}、R_{W2}、R_{W3}、R_{W4} 均置中间位置。

（2）调整电路处于振荡状态，产生方波，通过调整电位器 R_{W2} 的阻值使方波的占空比达到 50%。

（3）保持方波的占空比为 50% 不变，用双踪示波器观测 ICL8038 输出端的波形，反复调整 R_{W3}、R_{W4} 的阻值，使正弦波不产生明显的失真。

（4）调节电位器 R_{W1} 的阻值，使输出信号从小到大变化，记录⑧脚的电位，并测量输出正弦波的频率，列表记录。

（5）改变外接电容 C 的值（取 $C=0.1\mu F$、1000pF），观测三种输出波形，并与 $C=0.01\mu F$ 时的波形进行比较，有何结论？

（6）改变电位器 R_{W2} 的阻值，观测三种输出波形，有何结论？

（7）如有失真度测试仪，则测量 C 分别为 $0.1\mu F$、$0.01\mu F$ 及 1000pF 时的正弦波失真系数 r（一般要求小于 3%）。

5. 预习要求

（1）翻阅有关 ICL8038 的资料，熟悉引脚的排列及功能。

（2）如果改变方波的占空比，则三角波和正弦波的输出端将会变成怎样的一个波形？

6. 实验总结

（1）分别画出 $C = 0.1\mu F$、$0.01\mu F$、$1000pF$ 时观测到的方波、三角波及正弦波，从中可得出什么结论？

（2）列表整理 C 取不同值时三种波形的频率和幅值。

（3）总结组装、调整函数信号发生器的心得、体会。

实验 51　随机存取存储器 2114A 的工作原理及其应用

1. 实验目的

了解集成随机存取存储器 2114A 的工作原理，通过实验熟悉工作特性、使用方法及其应用。

2. 实验原理

（1）随机存取存储器（RAM）

随机存取存储器（RAM）又称读/写存储器，能存储数据、指令、中间结果等信息，任何一个存储单元都能以随机次序迅速存入（写入）或取出（读出）。随机存取存储器具有记忆功能，但在停电（断电）后，所存信息（数据）会消失，不利于数据的长期保存，多用于在中间过程暂存信息。

① RAM 的结构和工作原理。

图 51-1 为 RAM 的基本结构。它主要由存储单元矩阵、地址译码器及读/写控制电路三部分组成。

图 51-1

存储单元矩阵是 RAM 的主体。一个 RAM 由若干个存储单元组成。每一个存储单元可存放 1 位二进制数或 1 位二元代码。为了存取方便，通常将存储单元设计成矩阵形式，被称为存储单元矩阵。存储器中的存储单元越多，存储的信息就越多，表示该存储器的容量就越大。

为了对存储单元矩阵中的某个存储单元进行读出或写入信息，必须首先对每一个存储单元的所在位置（地址）进行编码，当输入一个地址码时，就可利用地址译码器找到存储单元矩阵中相应的一个（或一组）存储单元，以便通过读/写控制电路对选中的一个（或一组）单元进行读出或写入信息。

由于集成度的限制，大容量的 RAM 往往由若干片 RAM 组成。当需要对某一个（或一组）存储单元进行读出或写入信息时，必须首先通过片选 CS 选中某一片（或几片），然后才能利用地址译码器找到对应的具体存储单元，以便读/写控制电路对该片（或几片）RAM

的对应单元进行读出或写入信息操作。

除上面介绍的三个主要部分，RAM 的输出常采用三态门作为输出缓冲电路。

随机存取存储器有动态（DRAM）和静态（SRAM）两类。DRAM 利用存储单元中的电容暂存信息，由于电容上的电荷可能泄漏，因此需要定时对电容进行充电（通称刷新）。SRAM 的存储单元为触发器，记忆时间不受限制，无需刷新。

② 2114A 静态随机存取存储器。

2114A 是一种 1024 字×4 位的静态随机存取存储器，采用 HMOS 工艺制作，引脚功能见表 51-1，功能表见表 51-2，逻辑框图、引脚排列及逻辑符号如图 51-2 所示。

表 51-1　2114A 的引脚功能

引　　　脚	功　　　能
$A_0 \sim A_9$	地址输入端
$\overline{\text{WE}}$	写　选　通
$\overline{\text{CS}}$	芯片选择
$I/O_0 \sim I/O_3$	数据输入/输出端
V_{CC}	+5V

表 51-2　2114A 功能表

地址	$\overline{\text{CS}}$	$\overline{\text{WE}}$	$I/O_0 \sim I/O_3$
有效	1	×	高阻态
有效	0	1	读出数据
有效	0	0	写入数据

图中，4096 个存储单元排列成 64 行×64 列；采用两个地址译码器，行地址译码器（$A_3 \sim A_8$）的输出为 $X_0 \sim X_{63}$，从 64 行中选择指定的一行，列地址译码器（A_0、A_1、A_2、A_9）的输出为 $Y_0 \sim Y_{15}$，再从已选定的一行中选出 4 个存储单元进行读/写操作；$I/O_0 \sim I/O_3$ 既是数据输入端，又是数据输出端；$\overline{\text{CS}}$ 为片选信号；$\overline{\text{WE}}$ 为写使能，控制器件的读/写操作。

当需要进行读操作时，首先输入要读出单元的地址码 $A_0 \sim A_9$，并使 $\overline{\text{WE}}=1$，给定地址的存储单元内容（4 位），经读/写控制传送到三态输出缓冲器，且只能在 $\overline{\text{CS}}=0$ 时才能把读出的数据送到引脚 $I/O_0 \sim I/O_3$ 上。

当需要写操作时，在 $I/O_0 \sim I/O_3$ 端输入要写入的数据，在 $A_0 \sim A_9$ 端输入要写入单元的地址码，使 $\overline{\text{WE}}=0$，$\overline{\text{CS}}=0$。必须注意，在 $\overline{\text{CS}}=0$ 时，$\overline{\text{WE}}$ 输入一个负脉冲，写入信息；同样，在 $\overline{\text{WE}}=0$ 时，$\overline{\text{CS}}$ 输入一个负脉冲，也能写入信息。因此，在地址码改变期间，$\overline{\text{WE}}$ 或 $\overline{\text{CS}}$ 必须至少有一个为 1，否则会引起误写入，冲掉原来的内容。为了确保数据能够可靠地写入，写脉冲宽度 t_{WP} 必须大于或等于参数规定的时间区间，当写脉冲结束时，标志写操作结束。

2114A 具有下列特点：

a. 采用直接耦合静态电路，不需要时钟信号驱动，也不需要刷新；

b. 不需要地址建立时间，存取特别简单；

c. 输入、输出同极性，读出是非破坏性的，使用公共的 I/O 端，能直接与系统总线连接；

d. 使用单电源 +5V 供电，输入、输出与 TTL 电路兼容，输出能驱动一个 TTL 门和 $C_L = 100\text{pF}$ 的负载（$I_{oL} \approx 2.1 \sim 6\text{mA}$，$I_{oH} \approx -1.0 \sim -1.4\text{mA}$）；

e. 具有独立的选片功能和三态输出；

f. 具有高速与低功耗性能；

g. 读/写周期均小于 250ns。

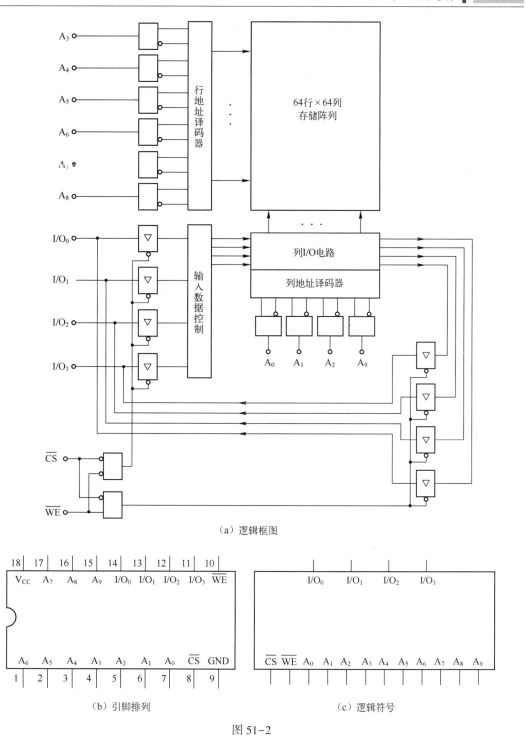

（a）逻辑框图

（b）引脚排列　　　　　　　　　（c）逻辑符号

图 51-2

随机存取存储器（RAM）的种类很多。2114A 是一种常用的静态随机存取存储器，是 2114 的改进型。实验也可以使用其他型号的随机存取存储器，如 6116。6116 是一种使用较广泛的 2048×8 静态随机存取存储器。它的使用方法与 2114A 相似，仅多一个 $\overline{DE}$ 输出使能端，当 $\overline{DE}=0$、$\overline{CS}=0$、$\overline{WE}=1$ 时，读出信息；当 $\overline{DE}=1$、$\overline{CS}=0$、$\overline{WE}=0$ 时，写入信息。

（2）用2114A静态随机存取存储器实现数据的随机存取和顺序存取

图51-3为2114A随机存取和顺序存取数据的电路原理图。为了接线方便，又不影响实验效果，2114A的地址输入端应保留前4位（$A_0 \sim A_3$），其余输入端（$A_4 \sim A_9$）均接地。

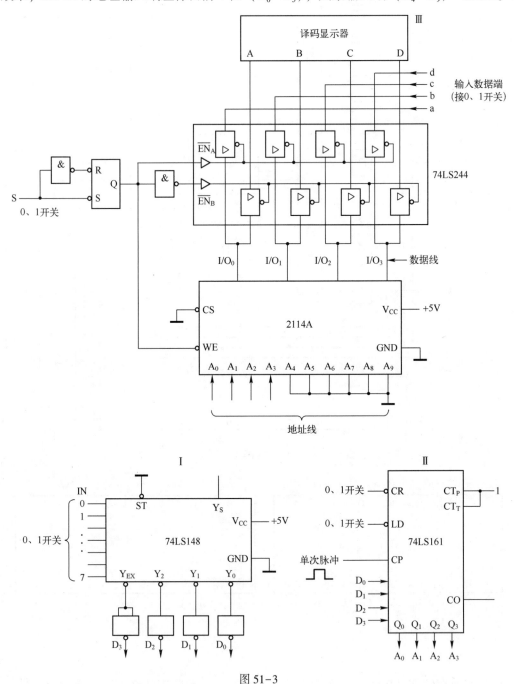

图51-3

① 用2114A实现静态随机存取。

图51-3中的单元Ⅲ由三部分组成：a. 由与非门组成的基本RS触发器与反相器，控制电路的读/写操作；b. 由2114A组成的静态RAM；c. 由74LS244三态门缓冲器组成的数据

输入/输出缓冲和锁存电路。

当需要进行写操作时，输入要写入单元的地址码（$A_0 \sim A_3$）或使单元地址处于随机状态；RS 触发器控制端 S 接高电平，触发器置"0"，$Q = 0$，$\overline{EN_A} = 0$，打开输入三态门缓冲器 74LS244，要写入的数据经缓冲器送至 2114A 的输入端（$I/O_0 \sim I/O_3$）。由于此时 $\overline{CS} = 0$、$\overline{WE} = 0$，因此便将数据写入 2114A 中。为了确保数据能够可靠地写入，写脉冲的宽度 t_{WP} 必须大于或等于参数规定的时间区间。

当需要进行读操作时，输入要读出单元的地址码（保持写操作时的地址码）；RS 触发器控制端 S 接低电平，触发器置"1"，$Q = 1$，$\overline{EN_B} = 0$，打开输出三态门缓冲器 74LS244。由于此时 $\overline{CS} = 0$、$\overline{WE} = 1$，要读出的数据便由 2114A 经缓冲器送至 A、B、C、D 输出端，并在译码显示器上显示出来。

注意：如果是随机存取，则可不必关注 $A_0 \sim A_3$（或 $A_0 \sim A_9$）地址端的状态，$A_0 \sim A_3$（或 $A_0 \sim A_9$）可以是随机的，但在读/写操作中要保持一致。

② 2114A 实现静态顺序存取。

图 51-3 中的单元 I 是由 74LS148 组成的 8-3 线优先编码电路，可将 8 位的二进制指令进行编码形成 8421BCD 码；单元 II 是由 74LS161 组成的优先编码电路，可将 8 位（$IN_0 \sim IN_7$）二进制指令编成 8421BCD 码（$D_0 \sim D_3$）输出，由于是以反码的形式出现的，因此在输出端加非门求反。

a. 写入。

令二进制计数器 74LS161 的 $\overline{CR} = 0$，输出清 0，清 0 后，置 $\overline{CR} = 1$；令 $\overline{LD} = 0$，加 CP 脉冲，通过并行送数法将 $D_0 \sim D_3$ 赋值给 $A_0 \sim A_3$，形成地址初始值，送数完成后，置 $\overline{LD} = 1$。74LS161 为二进制加法计数器，每来一个 CP 脉冲，计数器的输出加 1，即地址码加 1，逐次输入 CP 脉冲，地址累计形成一组单元地址，操作随机存取部分电路处于写入状态，改变数据输入端的数据，便可按 CP 脉冲所给的地址依次写入一组数据。

b. 读出。

给 74LS161 的输出清 0，通过并行送数法将 $D_0 \sim D_3$ 赋值给 $A_0 \sim A_3$，形成地址初始值，逐次送入单次脉冲，地址码累计形成一组单元地址，操作随机存取部分电路处于读出状态，便可按 CP 脉冲所给的地址依次读出一组数据，并在译码显示器上显示出来。

3. 实验设备与元器件

（1）+5 直流电源。

（2）单次脉冲源。

（3）连续脉冲源。

（4）译码显示器。

（5）逻辑电平显示器。

（6）逻辑电平开关（0、1 开关）。

（7）2114A、74LS161、74LS148、74LS244、74LS00、74LS04。

4. 实验内容

按图 51-3 连接实验线路，先断开各单元之间的连线。

（1）用 2114 实现静态随机存取，见图 51-3 中的单元 III。

① 写入数据。

输入要写入单元的地址码和要写入的数据，操作基本 RS 触发器的控制端 S，使 2114A 处于写入状态，即 $\overline{CS}=0$、$\overline{WE}=0$、$\overline{EN_A}=0$，则数据被写入 2114A 中，选取三组地址码和三组数据记录在表 51-3 中。

表 51-3

$\overline{WE}$	地址码（$A_0 \sim A_3$）	数　据	2114A
0			
0			
0			

② 读出数据。

输入要读出单元的地址码，操作基本 RS 触发器 S 端，使 2114A 处于读出状态，即 $\overline{CS}=0$、$\overline{WE}=1$、$\overline{EN_B}=0$（保持写入时的地址码），要读出的数据便由译码显示器显示出来，记录在表 51-4 中，与表 51-3 中的数据进行比较。

表 51-4

$\overline{WE}$	地址码（$A_0 \sim A_3$）	数　据	2114A
1			
1			
1			

（2）2114A 实现静态顺序存取，连接图 51-3 中各单元之间的连线。

① 顺序写入数据。

假设 74LS148 的 8 位输入指令，即 $IN_1=0$、$IN_0=1$、$IN_2 \sim IN_7=1$，经过编码使 $D_0 D_1 D_2 D_3 = 1000$，送至 74LS161 的输入端；给 74LS161 的输出清 0，清 0 后，用并行送数法将 $D_0 D_1 D_2 D_3 = 1000$ 赋值给 $A_0 A_1 A_2 A_3 = 1000$ 作为地址的初始值；操作随机存取存储器处于被写入状态，数据便被写入 2114A 中，如果相应输入几个单次脉冲，则改变数据输入端的数据，即能依次写入一组数据，记录在表 51-5 中。

表 51-5

CP 脉冲	地址码（$A_0 \sim A_3$）	数　据	2114A
↑	1000		
↑	0100		
↑	1100		

② 顺序读出数据。

给 74LS161 的输出清 0，用并行送数法将原有的 $D_0 D_1 D_2 D_3 = 1000$ 赋值给 $A_0 A_1 A_2 A_3$，操作随机存取存储器处于读出状态，连续输入几个单次脉冲，即可依地址单元读出一组数据，并在译码显示器上显示出来，记录在表 51-6 中，比较写入与读出的数据是否一致。

表 51-6

CP 脉冲	地址码（$A_0 \sim A_3$）	数　据	2114A	显　示
↑	1000			
↑	0100			
↑	1100			

5. 预习要求

（1）复习随机存取存储器 RAM 的基本工作原理。

（2）查阅 2114A、74LS161、74LS148 的有关资料，熟悉逻辑功能及引脚排列。

（3）2114A 有 10 个地址输入端，实验中仅变化其中的一部分，对于其他不变化的地址输入端应该如何处理？

（4）为什么静态 RAM 无需刷新，而动态 RAM 需要定期刷新？

6. 实验报告

记录测量结果，并对结果进行分析。

知识性介绍：

（1）74LS148 为 8-3 线优先编码器，引脚排列如图 51-4 所示，引脚功能见表 51-7。

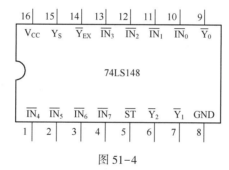

图 51-4

74LS148 的引脚含义如下。

$\overline{IN}_0 \sim \overline{IN}_7$：编码输入端（低电平有效）。

$\overline{ST}$：选通输入端（低电平有效）。

$\overline{Y}_0 \sim \overline{Y}_2$：编码输出端（低电平有效）。

$\overline{Y}_{EX}$：扩展端（低电平有效）。

Y_S：选通输出端。

表 51-7

	输　　入								输　　出				
$\overline{ST}$	$\overline{IN}_0$	$\overline{IN}_1$	$\overline{IN}_2$	$\overline{IN}_3$	$\overline{IN}_4$	$\overline{IN}_5$	$\overline{IN}_6$	$\overline{IN}_7$	$\overline{Y}_2$	$\overline{Y}_1$	$\overline{Y}_0$	$\overline{Y}_{EX}$	Y_S
1	×	×	×	×	×	×	×	×	1	1	1	1	1
0	1	1	1	1	1	1	1	1	1	1	1	0	0
0	×	×	×	×	×	×	×	0	0	0	0	0	1
0	×	×	×	×	×	×	0	1	0	0	1	0	1

续表

输　　入									输　　出				
$\overline{ST}$	$\overline{IN_0}$	$\overline{IN_1}$	$\overline{IN_2}$	$\overline{IN_3}$	$\overline{IN_4}$	$\overline{IN_5}$	$\overline{IN_6}$	$\overline{IN_7}$	$\overline{Y_2}$	$\overline{Y_1}$	$\overline{Y_0}$	$\overline{Y_{EX}}$	Y_S
0	×	×	×	×	×	0	1	1	0	1	0	0	1
0	×	×	×	×	0	1	1	1	0	1	1	0	1
0	×	×	×	0	1	1	1	1	1	0	0	0	1
0	×	×	0	1	1	1	1	1	1	0	1	0	1
0	×	0	1	1	1	1	1	1	1	1	0	0	1
0	0	1	1	1	1	1	1	1	1	1	1	0	1

（2）74LS161 为 4 位二进制同步计数器，引脚排列如图 51-5 所示，引脚功能见表 51-8。

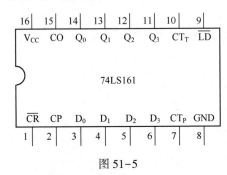

图 51-5

74LS161 的引脚含义如下。

CO：进位输出端。

CP：时钟输入端（上升沿有效）。

$\overline{CR}$：异步清除输入端（低电平有效）。

CT_P：计数控制端。

CT_T：计数控制端。

$D_0 \sim D_3$：并行数据输入端。

$\overline{LD}$：同步并行输入控制端（低电平有效）。

$Q_0 \sim Q_3$：输出端。

表 51-8

输　　入									输　　出			
$\overline{CR}$	$\overline{LD}$	CT_P	CT_T	CP	D_0	D_1	D_2	D_3	Q_0	Q_1	Q_2	Q_3
0	×	×	×	×	×	×	×	×	0	0	0	0
1	0	×	×	↑	d_0	d_1	d_2	d_3	d_0	d_1	d_2	d_3
1	1	1	1	↑	×	×	×	×	计数			
1	1	0	×	×	×	×	×	×	保持			
1	1	×	0	×	×	×	×	×	保持			

（3）74LS244 为 8 缓冲器/线驱动器/线接收器，引脚排列如图 51-6 所示，引脚功能见表 51-9。

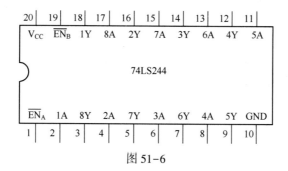

图 51-6

74LS244 的引脚含义如下。

1A~8A：输入端。

$\overline{EN}_A$、$\overline{EN}_B$：三态允许端（低电平有效）。

1Y~8Y：输出端。

表 51-9

输　　入		输　　出
$\overline{EN}$	A	Y
0	0	0
0	1	1
1	×	高阻态

（4）静态 SRAM 数据存储器。

静态 SRAM 数据存储器具有存取速度快、使用方便等特点，一旦掉电，内部数据便会丢失，要使内部数据不丢失，必须不间断地供电（断电后由电池供电）。为此，多年来，人们一直致力于非易失随机存取存储器（NV-SRAM）的开发，数据可在掉电时进行自保护。NV-SRAM 的引脚与普通 SRAM 的引脚全兼容，目前已得到广泛应用。

常用的 SRAM 有 6116（2K×8）、6264（8K×8）、62256（32K×8）等，引脚排列如图 51-7 所示。

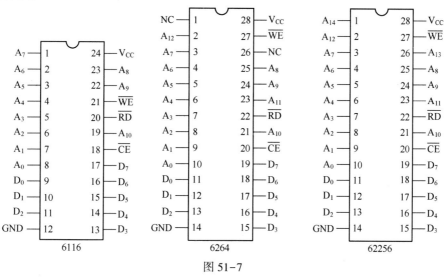

图 51-7

相关引脚含义如下。

$A_0 \sim A_i$：地址输入端。

$D_0 \sim D_7$：双向三态数据端。

$\overline{CE}$：片选信号输入端（低电平有效）。

$\overline{RD}$：读选通信号输入端（低电平有效）。

$\overline{WE}$：写选通信号输入端（低电平有效）。

V_{CC}：工作电源+5V。

GND：地线。

常用 SRAM 的主要技术性能和操作方式见表 51-10、表 51-11。

表 51-10　常用 SRAM 的主要技术性能

型　　号	6116	6264	62256
容量（KB）	2	8	32
引脚数（个）	24	28	28
工作电压（V）	5	5	5
典型工作电流（mA）	35	40	8
典型维持电流（mA）	5	2	0.9
存取时间（ns）	由产品型号而定		

表 51-11　常用 SRAM 的操作方式

方　　式	信　　号			
	$\overline{CE}$	$\overline{RD}$	$\overline{WE}$	$D_0 \sim D_7$
读	0	0	1	数据输出
写	0	1	0	数据输入
维持	1	×	×	高阻态

第6篇 仿真实验

实验 52 用 Multisim 仿真验证基尔霍夫定律

1. 实验目的

（1）验证基尔霍夫定律的正确性，加深对基尔霍夫定律的理解。

（2）学会使用电流表、电压表测量各支路电流和各元器件电压的方法。

2. 原理说明

基尔霍夫电流定律和电压定律是电路的基本定律。在集总参数电路中，在任何时刻，电路中任意节点所有支路电流的代数和恒等于零，即 $\sum I = 0$。通常约定，流出节点的支路电流取正号，流入节点的支路电流取负号。在任何时刻，任意回路的所有支路或元器件的电压代数和恒等于零，即 $\sum U = 0$。通常约定，凡支路电压或元器件电压的参考方向与回路的绕行方向一致者取正号，反之取负号。

3. 实验设备

（1）双路可调直流稳压电源（0~30V 可调）。

（2）直流数字电压表（0~200V）。

（3）直流数字毫安表（0~200mA）。

4. 实验内容

仿真软件 Multisim 的主窗口如同一个实际的电子实验台。在屏幕中央区域的最大窗口就是电路工作区，在电路工作区中可将各种电子元器件和测量仪器、仪表连接成实验电路。在电路工作区的上方是菜单栏、工具栏（包括输入编辑栏、文件操作栏、窗口操作栏）、元器件栏。在菜单栏中可以选择电路连接、实验所需的各种命令。工具栏包含常用的操作命令按钮。通过鼠标即可方便地使用各种命令和实验设备。电路工作区的右边是仪器、仪表栏。元器件栏用于存放各种电子元器件。仪器、仪表栏用于存放各种仪器、仪表。用鼠标可以方便地提取实验所需的各种元器件和仪器、仪表。按下电路工作区上方的"启动/停止"或"暂停/恢复"按钮即可控制实验的进程。除菜单栏，其余各栏可以用鼠标拖移栏头，放在自己想要分布元器件的位置。仿真软件 Multisim 界面如图 52-1 所示。

（1）在仿真软件 Multisim 中创建的仿真实验电路如图 52-2 所示，接入 $U_1 = 6V$、$U_2 = 12V$ 的直流电源电压，电路各支路参数为 $R_1 = 510\Omega$、$R_2 = 1k\Omega$、$R_3 = 510\Omega$、$R_4 = 510\Omega$、$R_5 = 330\Omega$，设定电流 I_1、I_2、I_3 的方向。

（2）在仿真软件 Multisim 的元器件库中逐个选择元器件组件：直流电压源、电阻、万用表（可用作电流表和电压表），将元器件和仪器、仪表依次分布在电路工作区中，如图 52-3 所示。

文件操作栏　　菜单栏　　窗口操作栏

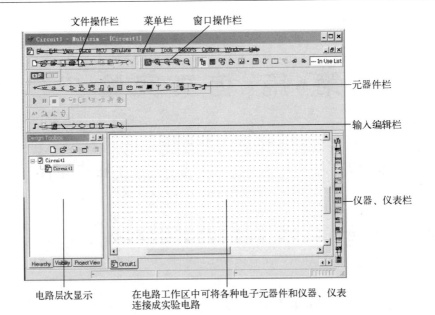

元器件栏

输入编辑栏

仪器、仪表栏

电路层次显示　　在电路工作区中可将各种电子元器件和仪器、仪表
　　　　　　　　连接成实验电路

图 52-1

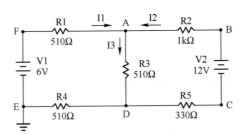

图 52-2

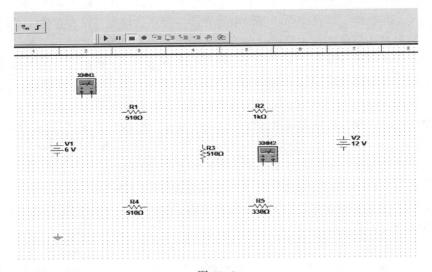

图 52-3

（3）按照图52-2仿真实验电路，用鼠标拖动导线依次连接元器件、串联电流表及并联电压表，要注意电流表、电压表的极性不可接反，如图52-4所示。

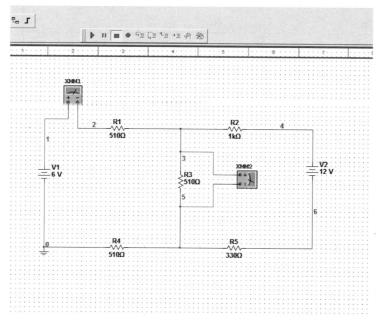

图 52-4

（4）仿真结果。按下万用表显示屏上的 A 和—按钮，即可测量直流电流 I_1 的仿真值；按下万用表显示屏上的 V 按钮，即可测量直流电压 U_{AD} 的仿真值；按下电源开关，分别双击 I_1 和 U_{AD} 所在位置的万用表，就会显示万用表的测量和设置界面，如图52-5所示，在读数窗口就可以读出表52-1中所要测量的电流和电压。依此类推，可测量其他支路的电流和各元器件上的电压。

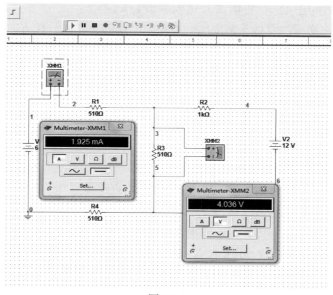

图 52-5

表 52-1

被测量	$I_1(\text{mA})$	$I_2(\text{mA})$	$I_3(\text{mA})$	$U_1(\text{V})$	$U_2(\text{V})$	$U_{FA}(\text{V})$	$U_{AB}(\text{V})$	$U_{AD}(\text{V})$	$U_{CD}(\text{V})$	$U_{DE}(\text{V})$
计算值										
测量值										

5. 实验报告要求

（1）完成表 52-1 的计算，将各支路电流、电压的计算值与仿真结果进行比较。

（2）根据表 52-1 的仿真结果，验证基尔霍夫电流、电压定律在直流电路中的正确性。

6. 实验注意事项

（1）注意电流表、电压表的极性。

（2）在 Multisim 仿真电路中，一定要有接地线，否则电路无法工作。

实验 53　用 Multisim 仿真验证叠加原理

1. 实验目的

（1）验证线性电路叠加原理的正确性，加深对线性电路叠加性和齐次性的认识和理解。

（2）熟练掌握 Multisim 仿真软件的操作使用方法。

2. 实验原理

叠加原理：在由多个独立源共同作用的线性电路中，通过每一个元器件的电流或两端的电压可以看作是由每一个独立源单独作用时在该元器件上产生的电流或电压的代数和。叠加原理可反映线性电路的叠加性。

线性电路的齐次性是当激励信号（某独立源）增加 K 倍或减小 $1/K$ 时，电路的响应（各元器件上的电流和电压）也将增加 K 倍或减小 $1/K$。

运用叠加原理时必须注意各支路或闭合回路中电流的正方向，此方向可预先任意设定。

3. 实验设备

（1）双路可调直流稳压电源（0～30V 可调）。

（2）直流数字电压表（0～200V）。

（3）直流数字毫安表（0～200mA）。

4. 实验内容

叠加原理实验电路如图 53-1 所示。

按照图 53-1 实验电路接入 $U_1 = 12\text{V}$、$U_2 = 6\text{V}$ 的直流电源电压，电路各支路的参数为 $R_1 = 510\Omega$、$R_2 = 1\text{k}\Omega$、$R_3 = 510\Omega$、$R_4 = 510\Omega$、$R_5 = 330\Omega$，设定电流 I_1、I_2、I_3 的方向，在 Multisim 电路工作区中创建的仿真实验总电路如图 53-2 所示。图中，万用表 XMM1～XMM3 用作电流表，分别测量 $I_1 \sim I_3$；万用表 XMM4～XMM10 用作电压表，用于测量表 53-1、表 53-2 中的电压值。注意：万用表的表笔极性不能接反。

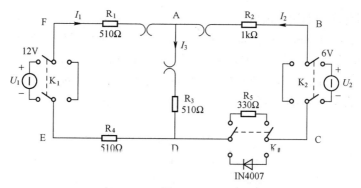

图 53-1

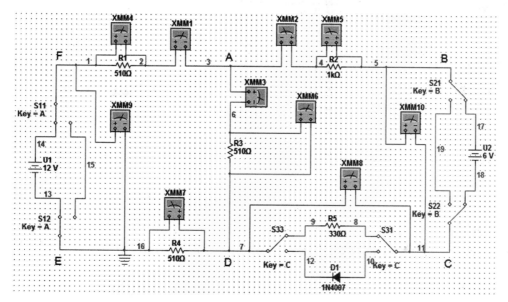

图 53-2

表 53-1　线性电路

测量项目	U_{FE} (V)	U_{BC} (V)	I_1 (mA)	I_2 (mA)	I_3 (mA)	U_{AB} (V)	U_{CD} (V)	U_{AD} (V)	U_{DE} (V)	U_{FA} (V)
U_1 单独作用										
U_2 单独作用										
U_1、U_2 共同作用										
$2U_2$ 单独作用										

表 53-2　非线性电路

测量项目	U_{FE} (V)	U_{BC} (V)	I_1 (mA)	I_2 (mA)	I_3 (mA)	U_{AB} (V)	U_{CD} (V)	U_{AD} (V)	U_{DE} (V)	U_{FA} (V)
U_1 单独作用										
U_2 单独作用										
U_1、U_2 共同作用										
$2U_2$ 单独作用										

（1）从元器件库中调用直流电源

单击菜单 Place／Component，如图 53-3 所示，出现如图 53-4 所示的选择界面，在 Group 下拉窗口中选择 Sources，在 Component 栏中选择 DC_POWER，单击 OK，该直流电源就会跟随鼠标移动，将鼠标移动到电路工作区的合适位置，单击鼠标左键就可得到一个直流电源，采用同样的操作又可以得到另一个直流电源，如图 53-5 所示。

图 53-3

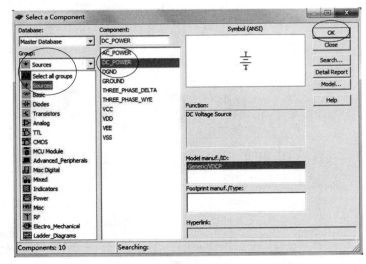

图 53-4

用鼠标双击 V1 电源，出现如图 53-6 所示的选项卡，单击 Label，在 RefDes 下面的方框中将 V1 改为 U1，单击 OK，即可将图 53-5 中电源 V1 的名称改为 U1，如图 53-7 所示。

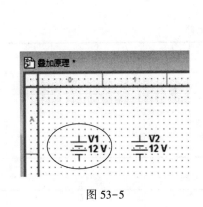

图 53-5

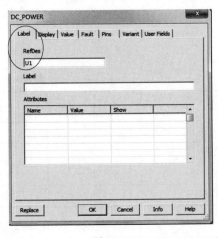

图 53-6

用鼠标双击 V2 电源，在选项卡上单击 Label，在 RefDes 下面的方框中将 V2 改为 U2，在选项卡上单击 Value，将 Voltage（V）右边方框中的 12 改为 6，如图 53-8 所示，单击 OK，即可将电源 V2 的名称改为 U2，电压值改为 6，如图 53-9 所示。其他元器件的编辑依此类推。

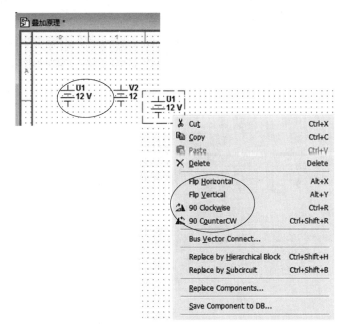

图 53-7

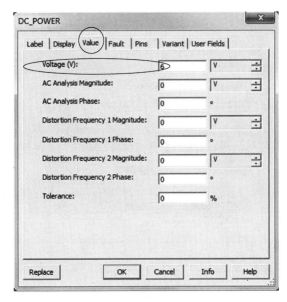

图 53-8

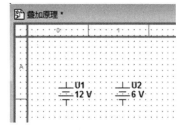

图 53-9

　　元器件可以根据需要进行移动和翻转，单击选中的元器件后，按鼠标左键拖动就可以移动元器件，按鼠标右键就可以翻转方向，如图 53-10 所示，圈内从上到下依次为水平翻转、垂直翻转、顺时针 90°翻转及逆时针 90°翻转。

　　(2) 从元器件库中调用电阻

　　单击菜单 Place/Component，在选择界面 Group 的下拉窗口中选择 Basic，在 Component 栏中选择电阻值，如 510，单击 OK，如图 53-11 所示，该电阻就会跟随鼠标移动，将鼠标移动到电路工作区的合适位置，单击鼠标左键就可得到一个电阻，采用同样的操作又可以得到其他几个电阻。

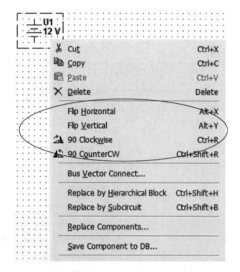

图 53-10

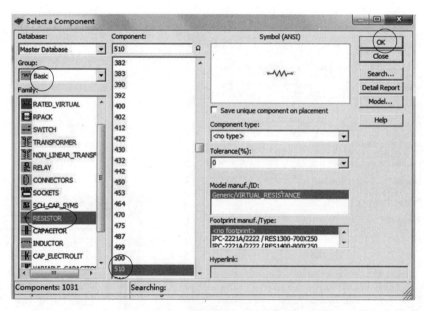

图 53-11

（3）从元器件库中调用二极管

单击菜单 Place/Component，在选择界面 Group 的下拉窗口中选择 Diodes，在 Component 栏中选择 1N4007，单击 OK，如图 53-12 所示，该二极管就会跟随鼠标移动，将鼠标移动到电路工作区的合适位置，单击鼠标左键就可得到一个二极管。

（4）从元器件库中调用单刀双掷开关

单击菜单 Place/Component，在选择界面 Group 下面的 Family 窗口中选择 SWITCH，在 Component 栏中选择 SPDT，单击 OK，如图 53-13 所示，该开关就会跟随鼠标移动，将鼠标移动到电路工作区的合适位置，单击鼠标左键即可得到一个开关，采用同样的操作即可得到其他几个开关。

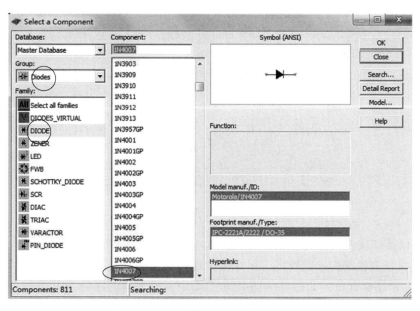

图 53-12

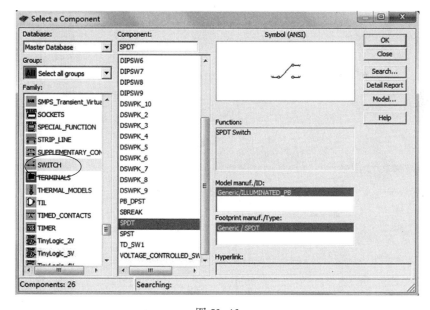

图 53-13

（5）对单刀双掷开关的编辑

双击单刀双掷开关（J1），在选项卡上单击 Label，在 RefDes 下面的方框中将原来调用时自动给的名称 J1 改为 S11，如图 53-14 所示，单击 Value，在 Key for Switch 右边的下拉窗口中选择 A，单击 OK，即可得到一个名称为 S11、由键盘 A 键控制的单刀双掷开关，如图 53-15 所示。用鼠标直接单击该开关可以控制接通方向。

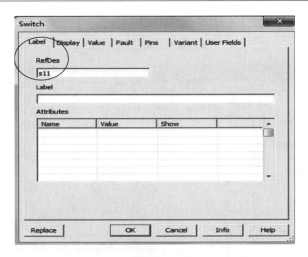

图 53-14

（6）从仪器、仪表栏中调用万用表并设置

① 仪器、仪表栏的图标比较小，鼠标停留在图标上就会自动显示英文名字，与选择元器件一样，单击图标即可，如图 53-16 所示。图中，最上边的图标为万用表，由于万用表在仿真电路文件中没有量程限制，因此在表 53-1、表 53-2 中需要测量的电压或电流都可以同时接上一个万用表，也可以逐个进行仿真测量。

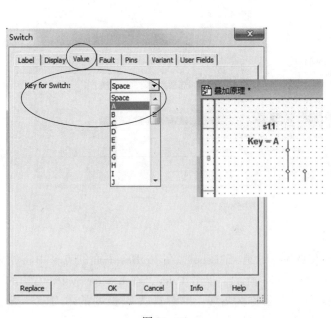

图 53-15   图 53-16

② 单击电路工作区中的万用表 XMM1,出现如图 53-17 所示的设置界面,按下 A 和—按钮,即可测量直流电流,按下 V 按钮,即可测量直流电压。设置方法很直观,将万用表根据测量需要进行设置即可。

图 53 17

(7) 电路图的连接

在电路工作区中拖动各元器件和万用表到合适的位置,安排好布局后就可以画连接线,单击元器件的引脚,移动鼠标到另外要连接的引脚,再单击鼠标左键,就可以画上连接线了。

(8) 电路的仿真操作

按照表 53-1、表 53-2 的要求,按动键盘 A 键,可以控制单刀双掷开关 S11 的连接方向;按动键盘 B 键,可以控制单刀双掷开关 S22 的连接方向;按动键盘 C 键,可以控制单刀双掷开关 S33 的连接方向;设置好开关 S11、S22、S33 的连接方向后,按下电源开关,如图 53-18 所示,双击各个万用表,就会显示万用表的测量和设置界面,如图 53-19 所示,在读数窗口就可以读出表 53-1、表 53-2 中要测量的电流和电压。注意,电路工作区的万用表数量比较多,打开界面后,可以通过表头标注区分万用表,如 XMM1 用于测量 I_1,XMM4 用于测量 U_{FA},其他类推。

图 53-18

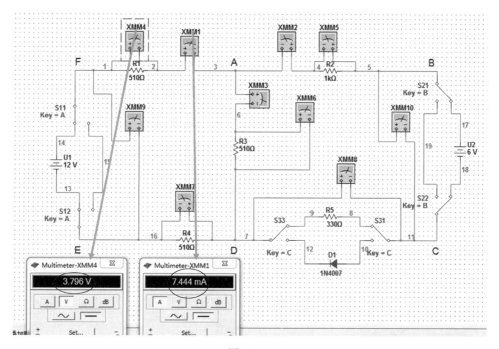

图 53-19

将电压、电流的仿真测量结果填入表 53-1 中。

5. 实验报告要求

（1）根据表 53-1 中的仿真结果，验证叠加原理的正确性及线性电路的叠加性和齐次性。

（2）根据表 53-2 中的仿真结果，验证叠加原理适用于线性电路还是非线性电路。

6. 实验注意事项

（1）注意电流表、电压表的极性。

（2）在 Multisim 仿真电路中，一定要有接地线，否则电路无法工作。

实验 54　用 Multisim 仿真测量三极管共射极单管放大器

1. 实验目的

（1）仿真调试放大器的静态工作点。

（2）仿真测量放大器的电压放大倍数。

2. 实验原理

图 54-1 为共射极单管放大器实验电路，由 R_1、R_2 和 R_6 组成分压电路，在发射极接电阻 R_7，可稳定放大器的静态工作点，当在输入端加入输入信号 u_i 时，在输出端即可得到一个与 u_i 相位相反、幅值被放大的输出信号 u_o，实现电压放大。

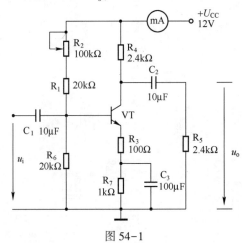

图 54-1

3. 实验设备与元器件

（1）+12V 直流电源。

（2）函数信号发生器。

（3）双踪示波器。

（4）万用表。

（5）三极管 3DG6×1（$\beta = 50 \sim 100$）或 9011×1、电阻器、电容器若干。

4. 实验内容

（1）调试静态工作点

按照图 54-1 接入 +12V 直流电源，调节 R_2 的阻值，使 $I_C = 2.0$mA（$U_E = 2.0$V），

用万用表测量 U_B、U_E、U_C、R_6。

① 在 Multisim 的元器件库中逐个选择元器件组件，将元器件和仪器、仪表依次分布在电路工作区，安排好布局后，即可画连接线，将各个组件连接起来，就可得到如图 54-2 所示的仿真总电路测量图。

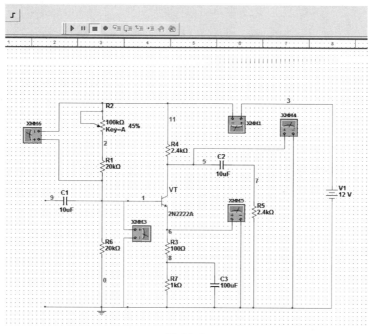

图 54-2

② 在如图 54-3、图 54-4 所示的仿真测量界面中，单击万用表 XMM3~XMM5 屏幕上的 V 或—按钮，就可以测量 U_B、U_E、U_C 的仿真值，再单击万用表 XMM6 屏幕上的 Ω 按钮，即可得到电阻 R6 的仿真值，将测量数据填入表 54-1 中。

表 54-1

测　量　值				计　算　值		
$U_B(V)$	$U_E(V)$	$U_C(V)$	$R_6(k\Omega)$	$U_{BE}(V)$	$U_{CE}(V)$	$I_C(mA)$

（2）测量电压放大倍数

在放大器的输入端加入频率为 1kHz、$U_i \approx 10mV$ 的正弦信号，同时用双踪示波器观测放大器输出电压 u_o 的波形，在波形不失真的条件下，用交流毫伏表测量表 54-2 中两种情况下的 U_o，并用双踪示波器观测 u_o 和 u_i 的相位关系，将数据记录在表 54-2 中。

表 54-2

$R_4(k\Omega)$	$R_5(k\Omega)$	$U_o(V)$	A_V	观测记录一组 u_o 和 u_i 波形
2.4	∞			
2.4	2.4			

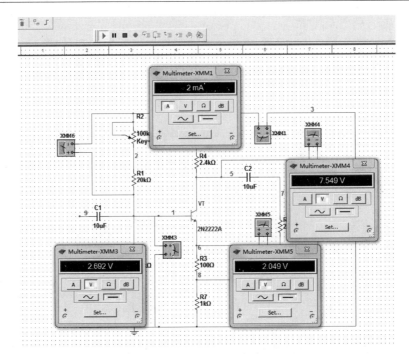

图 54-3

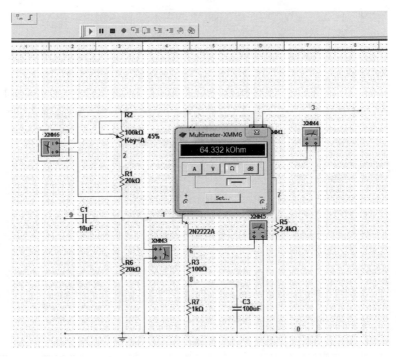

图 54-4

① 在图 54-2 仿真总电路测量图中，拆去万用表，在 Multisim 的仪器、仪表库中调用函数信号发生器和双踪示波器，连接在输入端和输出端的相应位置，如图 54-5 所示。调节 XSC1 的时间、电压量程，如图 54-6 所示。从 Multisim 仪器、仪表库中调用万用表，连接在

测量 U_o 的位置，单击万用表 XMM2 屏幕上的 V 或—按钮，即可测量在 $R_4 = 2.4\text{k}\Omega$、$R_5 = \infty$ 时，U_o 和 A_V 的仿真值，如图 54-7 所示。

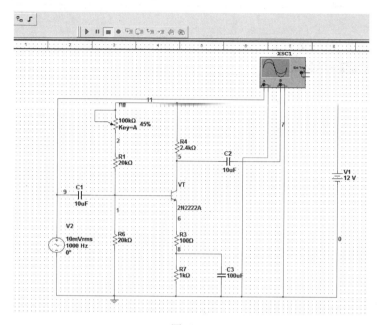

图 54-5

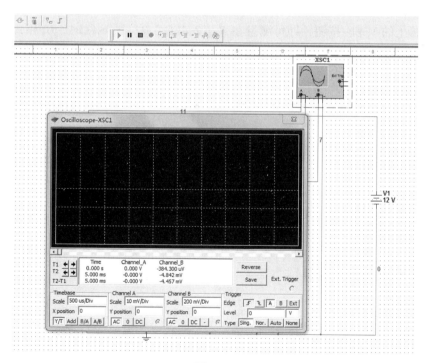

图 54-6

② 接入负载电阻 $R_5 = 2.4\text{k}\Omega$，如图 54-8 所示。在 Multisim 的仪器、仪表库中调用双踪示波器，与输入端和输出端连接，单击 XSC1 上的按钮，使 XSC1 的显示屏显示输入波形和

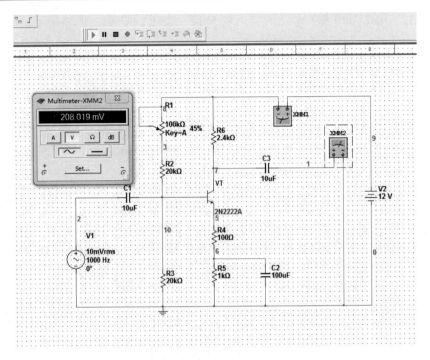

图 54-7

输出波形，如图 54-9 所示。从 Multisim 的仪器、仪表库中调用万用表并联在负载电阻的两端，单击屏幕上的 V 和 ~ 按钮，即可测量在 $R_4 = 2.4\text{k}\Omega$、$R_5 = 2.4\text{k}\Omega$ 时，U_o 和 A_V 的仿真值，如图 54-10 所示。

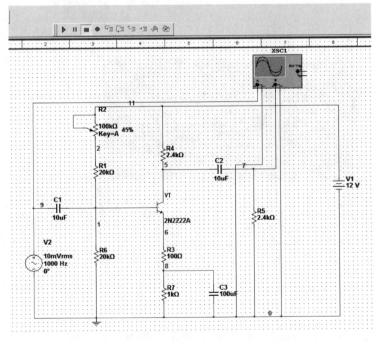

图 54-8

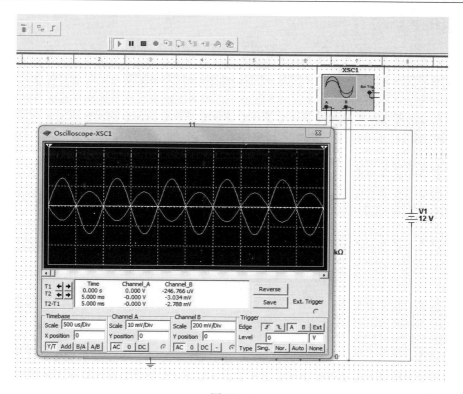

图 54-9

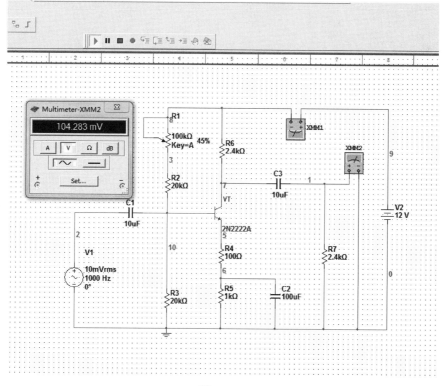

图 54-10

5. 实验报告要求

（1）完成表 54-1 中的计算，将计算值与仿真测量值进行比较。

（2）用 Multisim 完成静态工作点对电压放大倍数的影响和静态工作点对输出波形失真的影响。

（3）观察在 Multisim 仿真过程中，电路不接地是否能正常工作。

6. 实验注意事项

（1）注意电流表、电压表的极性。

（2）在 Multisim 仿真电路中，一定要有接地线，否则电路无法工作。

第7篇　附　　录

附录 A　示波器的原理和操作使用说明

1. 示波器的基本结构

示波器的基本结构如图 A-1 所示。

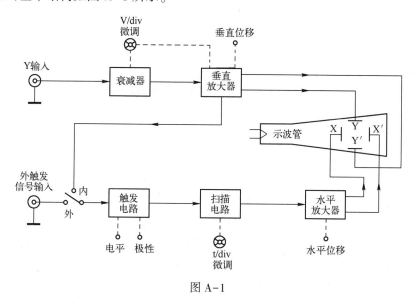

图 A-1

（1）主机

示波器的主机包括示波管及其所需的各种直流供电电路，在面板上有辉度、聚焦、水平移位及垂直移位等控制旋钮。

（2）垂直通道

示波器的垂直通道主要用来控制电子束按被测信号的幅值大小在垂直方向上进行偏移，包括 Y 轴衰减器、Y 轴放大器及配用的高频探头。示波管的偏转灵敏度比较低，在一般情况下，被测信号往往需要通过 Y 轴放大器进行放大后，加到垂直偏转板上才能在荧光屏上显示一定幅度的波形。Y 轴放大器可提高示波管的 Y 轴偏转灵敏度。为了保证 Y 轴放大不失真，加到 Y 轴放大器的信号不宜太大，由于实际的被测信号幅度可在很大范围内变化，因此在 Y 轴放大器前必须加 Y 轴衰减器来调整不同幅度的被测信号。示波器的面板上设有"Y 轴衰减器"（通常称其为"Y 轴灵敏度选择"开关）和"Y 轴增益微调"旋钮，用来调节 Y 轴衰减器的衰减量和 Y 轴放大器的增益。

对 Y 轴放大器的要求为增益大、频响好、输入阻抗高。

为了避免杂散信号的干扰，被测信号一般都通过同轴电缆或带有探头的同轴电缆加到示波器的 Y 轴输入端。必须注意，被测信号通过探头时幅值将被衰减（或不衰减），衰减比例为10∶1（或 1∶1）。

（3）水平通道

示波器的水平通道主要用来控制电子束按时间在水平方向上进行偏移，主要由扫描发生器、水平放大器及触发电路组成。

① 扫描发生器。

扫描发生器又叫锯齿波发生器，用来产生频率调节范围宽的锯齿波作为 X 轴偏转板的扫描电压。锯齿波的频率（或周期）由"扫描速率选择"开关和"扫描速率微调"旋钮进行调节，可调节扫描周期为被测信号周期的整数倍，保证在荧光屏上显示稳定的波形。

② 水平放大器。

水平放大器与垂直放大器一样，可将扫描发生器产生的锯齿波放大到 X 轴偏转板所需的数值。

③ 触发电路。

触发电路用来产生触发信号。为了扩展示波器的应用范围，一般在示波器的面板上设有触发源控制开关、触发电平与极性控制旋钮、触发方式选择开关等。

2. 示波器的二踪显示

（1）二踪显示的原理

示波器的二踪显示是由电子开关控制实现的。

电子开关有五种工作状态，即 Y_1、Y_2、Y_1+Y_2、交替、断续。当电子开关置于"交替"或"断续"位置时，荧光屏上便可同时显示两个波形。当电子开关置于"交替"位置时，电子开关的转换频率受扫描系统的控制，如图 A-2 所示，即电子开关首先接通 Y_2 通道进行第一次扫描，显示由 Y_2 通道送入的被测信号波形后，电子开关接通 Y_1 通道进行第二次扫描，显示由 Y_1 通道送入的被测信号波形，再接通 Y_2 通道……便可轮流对 Y_2 和 Y_1 两通道送入的被测信号进行扫描、显示。由于电子开关的转换速度较快，每次扫描的回扫线在荧光屏上又不显示出来，因此借助荧光屏的余辉和人眼的视觉暂留特性，便能在荧光屏上同时观测到两个清晰的波形。这种工作方式适用于观测输入信号频率较高的场合。

当电子开关置于"断续"位置时，相当于将一次扫描分成许多相等的时间间隔，在第一次扫描的第一个时间间隔内显示 Y_2 信号波形的某一段，在第二个时间间隔内显示 Y_1 信号波形的某一段，即依次按时间间隔轮流显示 Y_2、Y_1 两信号波形的其一段，经过若干次的断续转换，荧光屏可显示两个由光点组成的完整波形，如图 A-3（a）所示。由于转换的频率很高，光点靠得很近，其间隙用肉眼几乎分辨不出来，再利用消隐的方法使两通道间转换过程的过渡线不显示出来，如图 A-3（b）所示，即可达到同时清晰地显示两个波形的目的。这种工作方式适用于输入信号频率较低的场合。

（2）触发扫描

普通示波器的 X 轴扫描总是连续进行的，被称为连续扫描。为了能更好地观测各种脉冲波形，在脉冲示波器中，通常采用触发扫描。采用触发扫描方式时，扫描发生器将工作在待触发状态，仅在外加触发信号的作用下，时基信号才开始扫描。外加触发信号可由 Y 轴的输入信号经内触发放大器输出，也可由输入端的外接同步信号经外触发放大器输出，即利用触发脉冲信号的上升沿或下降沿触发扫描发生器，产生锯齿波扫描电压后，经 X 轴放大送到 X 轴偏转板进行光点扫描，适当调节"扫描速率"开关和"电平"调节旋钮，可方便地在荧光屏上显示具有合适宽度的被测信号波形。

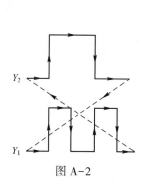

图 A-2

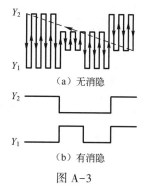

（a）无消隐

（b）有消隐

图 A-3

3. CA8020 型双踪示波器

（1）概述

CA8020 型双踪示波器为便携式双通道示波器，垂直系统具有 0～20MHz 的频带宽度和 5mV/div～5V/div 的偏转灵敏度，配有 10:1 的探极，灵敏度可达 5V/div；在全频带范围内可获得稳定的触发，触发方式有常态、自动、TV 及峰值自动，峰值自动给使用带来极大的方便；内触发设置交替触发，可以稳定显示两个频率不相关的信号；水平系统具有 0.5s/div～ 0.2μs/div 的扫描速度，并设有扩展×10，可将扫描速度提高到 20ns/div。

（2）面板

CA8020 型双踪示波器的面板如图 A-4 所示。CA8020 型双踪示波器面板的控制件及功能见表 A-1。

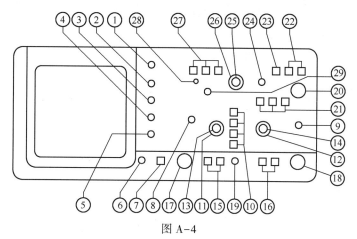

图 A-4

表 A-1　CA8020 型双踪示波器面板的控制件及功能

图 A-4 中的标号	控　制　件	功　　　能
①	亮度	调节光迹的亮度
②	辅助聚焦	与聚焦配合，调节光迹的清晰度

续表

图 A-4 中的标号	控 制 件	功 能
③	聚焦	调节光迹的清晰度
④	迹线旋转	调节光迹与水平刻度线平行
⑤	校正信号	提供幅度为 0.5V、频率为 1kHz 的方波信号，用于校正 10∶1 探极的补偿电容器，检测示波器垂直与水平的偏转因数
⑥	电源指示	电源接通时，灯亮
⑦	电源开关	接通或关闭电源
⑧	CH$_1$ 移位 PULL CH$_1$-X CH$_2$-Y	调节通道 1 光迹在荧光屏上的垂直位置，用作 X-Y 显示
⑨	CH$_2$ 移位 PULL INVERT	调节通道 2 光迹在荧光屏上的垂直位置，在 ADD 方式时使用 CH$_1$+CH$_2$ 或 CH$_1$-CH$_2$
⑩	垂直方式	CH$_1$ 或 CH$_2$：通道 1 或通道 2 单独显示 ALT：两个通道交替显示 CHOP：两个通道断续显示，用于扫描速度较慢的双踪显示 ADD：用于两个通道的代数和或差
⑪	垂直衰减器	调节垂直偏转灵敏度
⑫	垂直衰减器	调节垂直偏转灵敏度
⑬	微调	用于连续调节垂直偏转灵敏度，顺时针旋转为校正位置
⑭	微调	用于连续调节垂直偏转灵敏度，顺时针旋转为校正位置
⑮	耦合方式 （AC-DC-GND）	用于选择被测信号馈入垂直通道的耦合方式
⑯	耦合方式 （AC-DC-GND）	用于选择被测信号馈入垂直通道的耦合方式
⑰	CH$_1$ OR X	被测信号的输入插座
⑱	CH$_2$ OR Y	被测信号的输入插座
⑲	接地（GND）	与机壳连接的接地端
⑳	外触发输入	外触发输入插座
㉑	内触发源	用于选择 CH$_1$、CH$_2$ 或交替触发
㉒	触发源选择	用于选择 INT（内）、EXT（外）或 LINE（电源）触发源
㉓	触发极性	用于选择信号的上升沿或下降沿触发扫描
㉔	电平	用于调节被测信号在某一电平的触发扫描
㉕	微调	用于连续调节扫描速度，顺时针旋转为校正位置
㉖	扫描速率	用于调节扫描速度
㉗	触发方式	常态（NORM）：无信号时，荧光屏上无显示；有信号时，与电平控制配合显示稳定的波形 自动（AUTO）：无信号时，荧光屏上显示光迹；有信号时，与电平控制配合显示稳定的波形。 电视场（TV）：用于显示电视场信号。 峰值自动（P-P AUTO）：无信号时，荧光屏上显示光迹；有信号时，无须调节电平即能显示稳定的波形
㉘	触发指示	在触发扫描时，指示灯亮
㉙	水平移位 PULL×10	调节光迹线为水平位置，拉出时，扫描速度被扩展 10 倍

（3）操作方法

① 检查电源。

CA8020 型双踪示波器的电源电压为 220V±10%。在接通电源前，应检查当地的电源电压，如果不符合，则严禁使用！

② 面板一般功能的检查。

a. 将控制件按表 A-2 置位。

表 A-2

控 制 件	位 置	控 制 件	位 置
亮度	居中	触发方式	峰值自动
聚焦	居中	扫描速率	0.5ms/div
位移	居中	极性	正
垂直方式	CH$_1$	触发源	INT
灵敏度选择	10mV/div	内触发源	CH$_1$
微调	校正位置	输入耦合	AC

b. 接通电源，电源指示灯亮，稍预热后，荧光屏上出现扫描光迹，分别调节亮度、聚焦、辅助聚焦、迹线旋转、垂直移动及水平移位等控制件，使光迹清晰并与水平刻度平行。

c. 用 10:1 探极将校正信号输入 CH$_1$ 输入插座。

d. 调节有关控制件，使荧光屏显示稳定且易观测的方波波形。

e. 将探极换至 CH$_2$ 输入插座，垂直方式置于"CH$_2$"，内触发源置于"CH$_2$"，重复 d. 的操作。

③ 垂直系统的操作。

a. 垂直方式的选择。当只需观测一路信号时，将"垂直方式"开关置于"CH$_1$"或"CH$_2$"，此时被选中的通道有效，被测信号可从通道端口输入。当需要同时观测两路信号时，将"垂直方式"开关置于"交替"，可交替显示两个通道的信号，显示频率受扫描周期控制。当扫描速度低于一定的频率时，交替方式的显示会出现闪烁，此时应将开关置于"断续"位置。当需要观测两路信号的代数和时，将"垂直方式"开关置于"代数和"位置，此时，两个通道的衰减设置必须一致，CH$_2$ 移位处于常态时为 CH$_1$+CH$_2$，CH$_2$ 移位被拉出时为 CH$_1$-CH$_2$。

b. 输入耦合方式的选择。

直流（DC）耦合：适用于观测包含直流成分的被测信号，如信号的逻辑电平和静态信号的直流电平。被测信号的频率很低时必须采用直流耦合。

交流（AC）耦合：信号中的直流分量被隔断，用于观测信号的交流分量，如观测较高直流电平上的小信号。

接地（GND）：通道输入端接地（输入信号断开），用于确定输入为零时光迹所处的位置。

c. 灵敏度选择（V/div）的设定。按被测信号幅值的大小选择合适的挡级。"灵敏度选择"开关外旋钮为粗调，中心旋钮为细调（微调）。微调旋钮按顺时针方向旋转至校正位置时，可根据粗调旋钮的示值（V/div）和波形在垂直轴方向上的格数读出被测信号的幅值。

④ 触发源的选择。

当触发源开关置于"电源"触发时，示波器中的50Hz信号输入触发电路。当触发源开关置于"常态"触发时，触发源有两种选择：一种是"外触发"，由面板上的外触发输入插座输入触发信号；另一种是"内触发"，由内触发源选择开关进行控制。

"CH_1"触发：触发源取自通道1。

"CH_2"触发：触发源取自通道2。

"交替触发"：触发源受垂直方式开关的控制，当垂直方式的开关置于"CH_1"时，触发源自动切换到通道1；当垂直方式的开关置于"CH_2"时，触发源自动切换到通道2；当垂直方式的开关置于"交替"时，触发源与通道1、通道2同步切换，两个不相关信号的频率不应相差很大，同时垂直输入耦合应置于"AC"，触发方式置于"自动"或"常态"；当垂直方式的开关置于"断续"和"代数和"时，内触发源应置于"CH_1"或"CH_2"。

⑤ 水平系统的操作。

a. 扫描速度选择（t/div）的设定。

扫描速度按被测信号频率的高、低选择合适的挡级。"扫描速率"开关外旋钮为粗调，中心旋钮为细调（微调）。微调旋钮按顺时针方向旋转至校正位置时，可根据粗调旋钮的示值（t/div）和波形在水平轴方向上的格数读出被测信号的时间参数。当需要观测波形的某一个细节时，可进行水平扩展×10，此时原波形在水平轴方向上被扩展10倍。

b. 触发方式的选择。

常态：无信号输入时，荧光屏上无光迹显示；有信号输入时，触发电平调节在合适的位置上，电路被触发扫描。被测信号的频率低于20Hz时必须选择常态方式。

自动：无信号输入时，荧光屏上有光迹显示；一旦有信号输入，则电平需调节在合适的位置上，电路可自动转换到触发扫描状态，显示稳定的波形。当被测信号的频率高于20Hz时常采用这种方式。

电视场：对电视信号中的场信号进行同步，如果是正极性，则可以由CH_2输入，借助CH_2移位拉出，将正极性转变为负极性后再进行测量。

峰值自动：同自动方式，无须调节电平即能同步，一般适用于正弦波、对称方波或占空比相差不大的脉冲波。对于频率较高的测量信号，有时也要借助电平调节，触发同步灵敏度要比"常态"或"自动"稍低一些。

c. 极性的选择。

"极性"的选择用于选择被测量信号的上升沿或下降沿。

d. "电平"的位置。

"电平"的位置一般调至"居中"，用于调节被测信号在某一合适的电平上启动扫描，当产生触发扫描后，触发指示灯亮。

（4）测量电参数

① 电压的测量。

示波器的电压测量实际上是对所显示波形的幅度进行测量，测量时，应使被测波形稳定地显示在荧光屏的中央，幅度一般不宜超过6div，以避免非线性失真造成测量误差。

a. 交流电压的测量。

● 将被测信号输入 CH_1 或 CH_2 插座，将垂直方式置于被选用的通道。

● 将 Y 轴的"灵敏度微调"旋钮置于校准位置，调整示波器面板上的有关控制件，使荧光屏显示稳定、易观测的波形，交流电压幅值=垂直方向的格数（div）×垂直偏转因数（V/div）。

b. 直流电压的测量。

● 设置面板控制件，使荧光屏显示扫描基线。

● 设置被选用通道的输入耦合方式为"GND"。

● 调节垂直移位，将扫描基线调至合适的位置，作为零电平基准线。

● 将"灵敏度微调"旋钮置于校准位置，输入耦合方式置于"DC"，被测电平由相应的 Y 输入端输入，这时扫描基线将偏移，读出扫描基线在垂直方向偏移的格数（div），被测电压幅值=垂直方向偏移的格数（div）×垂直偏转因数（V/div）×偏转方向（+或−）。式中，基线向上偏移时取正号，基线向下偏移时取负号。

② 时间的测量。

时间的测量是对脉冲波形的宽度、周期、边沿时间及两个信号波形间的时间间隔（相位差）等参数的测量。一般要求被测波形在荧光屏的 X 轴方向上占 4~6div。

a. 时间间隔的测量。

在测量一个波形中两点间的时间间隔时，先将"扫描微调"旋钮置于校准位置，调整示波器面板上的有关控制件，使荧光屏显示的波形在 X 轴方向上大小适中，读出波形上需测量的两点间水平方向的格数，时间间隔=两点间水平方向的格数（div）×扫描时间因数（t/div）。

b. 脉冲边沿时间的测量。

上升（或下降）时间的测量方法与时间间隔的测量方法一样，只不过是测量被测波形满幅度 10% 和 90% 两点间的水平方向的格数，如图 A-5 所示。

用示波器观测脉冲波形的上升沿、下降沿时，必须合理选择示波器的触发极性（用触发极性开关控制）。显示波形的上升沿用"+"极性触发，显示波形的下降沿用"−"极性触发。如波形的上升沿或下降沿较短，则可将水平扩展×10，使波形在水平方向上扩展 10 倍，上升（或下降）时间 $= \dfrac{\text{水平方向的格数（div）×扫描时间因数（t/div）}}{\text{水平扩展倍数}}$

c. 相位差的测量。

● 将参考信号和一个待比较信号分别馈入 CH_1 和 CH_2 输入插座。

● 根据信号频率，将垂直方式置于"交替"或"断续"。

● 设置内触发源至参考信号通道。

● 将 CH_1 和 CH_2 输入耦合方式置于"⊥"，调节 CH_1、CH_2 移位旋钮，使两条扫描基线重合。

● 将 CH_1、CH_2 耦合方式开关置于"AC"，调整示波器面板的有关控制件，使荧光屏显示大小适中、便于观测的两路信号，如图 A-6 所示，读出两个波形在水平方向的相差格数 D 及信号周期所占的格数 T，相位差 $\theta = \dfrac{D}{T} \times 360°$。

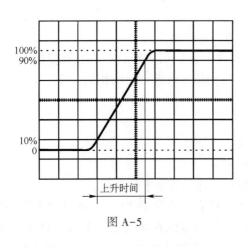

图 A-5

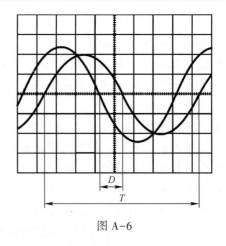

图 A-6

附录 B　用万用表检测常用电子元器件

用万用表可以粗测二极管、三极管、电阻及电容等。万用表电阻挡的等值电路如图 B-1 所示。图中，R_o 为等效电阻；E_o 为表内电池。当万用表为 $R×1$、$R×100$、$R×1k$ 挡时，$E_o=1.5V$；当万用表为 $R×10k$ 挡时，$E_o=15V$。在检测电阻时，红表笔接万用表内的电池负端（表笔插孔标"+"号），黑表笔接万用表内的电池正端（表笔插孔标"-"号）。

1. 二极管引脚极性、质量的判别

二极管由一个 PN 结组成，具有单向导电性，正向电阻小（一般为几百欧），反向电阻大（一般为几十千欧至几百千欧）。

（1）引脚极性的判别

将万用表拨到 $R×100$（或 $R×1k$）欧姆挡，把二极管的两个引脚分别接到万用表的两支表笔上，如图 B-2 所示。如果测出的电阻较小（约为几百欧），则与万用表黑表笔相连接的一端是正极，另一端就是负极；相反，如果测出的电阻较大（约为几百千欧），则与万用表黑表笔相连接的一端是负极，另一端就是正极。

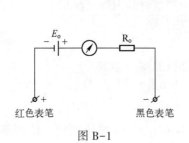

图 B-1

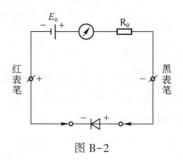

图 B-2

（2）判别二极管质量的好坏

一个二极管的正、反向阻值差别越大，性能就越好。如果双向阻值都较小，则说明二极管的质量差，不能使用；如果双向阻值都为无穷大，则说明二极管已经断路；如双向阻值均为零，则说明二极管已被击穿。

利用数字万用表的二极管挡也可判别正、负极。此时，红表笔（插在 V·Ω 插孔）带正电，黑表笔（插在 COM 插孔）带负电，用两支表笔分别接触二极管的两个引脚，若显示值为 1V 以下，则说明二极管处于正向导通状态，红表笔接的是正极，黑表笔接的是负极；若显示溢出符号"1"，则表明二极管处于反向截止状态，黑表笔接的是正极，红表笔接的是负极。

2. 三极管引脚、质量的判别

三极管的结构可以看作两个背靠背的 PN 结。NPN 型三极管的基极是两个 PN 结的公共阳极；PNP 型三极管的基极是两个 PN 结的公共阴极，如图 B-3 所示。

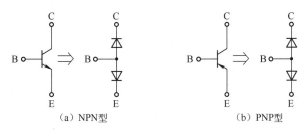

(a) NPN型　　　　　　　　(b) PNP型

图 B-3

（1）管型与基极的判别

将万用表置于电阻挡，量程选为 $R×1k$ 挡（或 $R×100$ 挡），用万用表的任一表笔先接触某一个电极——假定的基极，另一表笔分别接触其他两个电极，当两次测得的阻值均很小（或均很大）时，则假定的基极是正确的；如两次测得的阻值一大、一小，相差很多，则假定的基极是错误的，应更换其他电极重测。

先假定基极，若假定的基极是阳极，则为 NPN 型三极管；反之，则为 PNP 型三极管。

（2）发射极与集电极的判别

三极管具有电流放大作用，发射结加正向偏置，集电结加反向偏置，如图 B-4 所示。

当确定三极管的基极 B 后，便可判别集电极 C 和发射极 E，同时还可以大致了解穿透电流 I_{CEO} 和电流放大系数 $β$ 的大小。

以 PNP 型三极管为例，若用红表笔（对应万用表内电池的负极）接集电极 C，黑表笔接发射极 E，如图 B-5 所示，万用表的指针摆动很小，所指示的电阻可反映三极管穿透电流 I_{CEO} 的大小（电阻越大，I_{CEO} 越小）。如果在 C、B 极间跨接电阻 $R_B=100kΩ$，则万用表的指针将有较大的摆动，指示的电阻较小，可反映集电极电流 $I_C=I_{CEO}+βI_B$ 的大小。电阻减小愈多，表示 $β$ 愈大。如果 C、E 极反接，则三极管处于倒置工作状态。此时，电流放大系数很小（一般<1），万用表的指针摆动很小。因此，比较 C、E 极两种不同电源极性的接法即可判别 C 极和 E 极，还可大致了解穿透电流 I_{CEO} 和电流放大系数 $β$ 的大小。如万用表有 h_{FE} 插孔，则可利用 h_{FE} 测量电流放大系数 $β$。

3. 检查整流桥堆的质量

整流桥堆是把四只硅整流二极管接成桥式电路，再用环氧树脂（或绝缘塑料）封装而成的半导体器件。整流桥堆有交流输入端（A、B）和直流输出端（C、D），如图 B-6 所示，可以采用判别二极管质量的方法判别整流桥堆的质量。从图 B-6 中可以看出，交流输入端 A、B 之间总会有一只二极管处于截止状态，使 A、B 之间的总电阻趋向无穷大，直流输出端 D、C 之间的正向电压等于两只硅二极管的电压之和。因此，用数字万用表的二极管挡检测 A、B 之间的正、反向电压时均显示溢出，在检测 D、C 之间的正、反向电压时约显示 1V，即可证明整流桥堆内部无短路现象。如果有一个二极管已被击穿短路，那么在检测 A、B 之间的正、反向电压时，必定有一次显示 0.5V 左右。

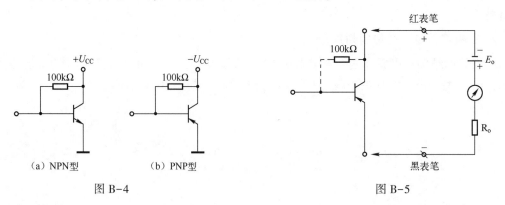

（a）NPN型　　　（b）PNP型

图 B-4　　　　　　　　　　　　　图 B-5

4. 电容的测量

测量电容一般应借助专门的测量仪器，用万用表仅能粗略地检查电容是否失效或漏电。

电容的测量电路如图 B-7 所示。在测量前，先将电容的两个引出线短接一下，释放电荷，然后将万用表置于 $R×1k$ 挡，并将电容的正、负极分别与万用表的黑表笔、红表笔接触，在正常情况下，可以看到指针先较大偏转（向零欧姆处），然后逐渐向起始零位（高阻值处）返回，可反映电容的充、放电过程。指针的偏转可反映电容充电电流的变化情况。

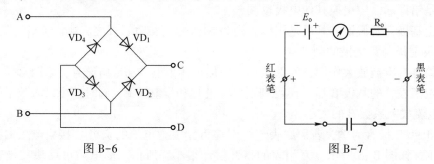

图 B-6　　　　　　　　　　　　　图 B-7

一般来说，指针偏转愈大，返回速度愈慢，说明电容的容量愈大。若指针返回到接近零位（高阻值），则说明电容的漏电电阻很大，指针指示的阻值即为漏电电阻。合格电容的电阻通常在 $500k\Omega$ 以上；失效时（电解液干涸，容量大幅度下降），指针偏转很小，甚至不偏转；若已被击穿，则电阻接近于零。

容量较小的电容（云母电容、瓷质电容等）在原则上也可以用上述方法进行测量，但由于容量较小，指针偏转也很小，返回速度又很快，因此很难鉴别容量和性能，仅能测量是否短路或断路，此时应选用 $R×10k$ 挡。

附录 C　电阻器的色环标注法

色环标注法就是用不同颜色的色环在电阻器的表面上标称阻值和允许偏差。

1. 两位有效数字的色环标注法

普通电阻器采用四条色环表示标称阻值和允许偏差。其中，三条色环表示阻值，一条色环表示偏差，如图 C-1 所示。

2. 三位有效数字的色环标注法

精密电阻器采用五条色环表示标称阻值和允许偏差，如图 C-2 所示。

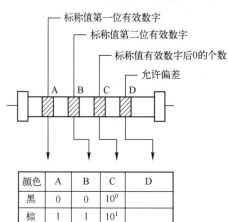

颜色	A	B	C	D
黑	0	0	10^0	
棕	1	1	10^1	
红	2	2	10^2	
橙	3	3	10^3	
黄	4	4	10^4	
绿	5	5	10^5	
蓝	6	6	10^6	
紫	7	7	10^7	
灰	8	8	10^8	
白	9	9	10^9	+50% −20%
金			10^{-1}	±5%
银			10^{-2}	±10%
无色				±20%

图 C-1

颜色	A	B	C	D	E
黑	0	0	0	10^0	
棕	1	1	1	10^1	±1%
红	2	2	2	10^2	±2%
橙	3	3	3	10^3	
黄	4	4	4	10^4	
绿	5	5	5	10^5	±0.5%
蓝	6	6	6	10^6	±0.25%
紫	7	7	7	10^7	±0.1%
灰	8	8	8	10^8	
白	9	9	9	10^9	
金				10^{-1}	
银				10^{-2}	

图 C-2

附录 D　高自 DDH 信号源

高自 DDH 信号源的实物图如图 D-1 所示。

1. 按键功能

① MENU/菜单：功能菜单按键。

② AMPL/幅度：波形幅度参数调整的选择按键。

③ OFFS/偏置：波形偏置电平参数调整的选择按键。

④ ◄：光标左移按键。

⑤ ▲：参数增量按键。

⑥ ►：光标右移按键。

图 D-1

⑦ ▼：参数减量按键。

⑧ OK/确认：确认按键。

⑨ SYS/系统：存储/加载功能快捷键。

⑨ MEAS/测量：频率计/计数器功能选择快捷键。

⑪ WAVE/波形：切换当前输出波形按键。

⑫ Output/输出：波形输出开启/关闭按键。

2. 面板接口

① POWER：电源开关。

② EXT：外部测量输入。

③ TTLA：输出。

④ TTLB：输出。

⑤ MOUT：多种信号正常输出。

⑥ POUT：多种信号功率输出。

3. 操作说明

（1）调节频率

开机后，屏幕左上角显示"F="的内容表示当前选定波形频率的信息。此时，光标指向频率值的某一位（若光标不在频率信息上，则可多次按动 MENU 将光标切换至第一行）。

使用▲、▼按键可改变光标所在位置的频率值：▲键可提高频率；▼键可降低频率。

如需修改更大范围的频率值，则可使用◄键和►键左、右移动光标的指示位置。

OK 键能够切换频率显示的单位（Hz、kHz 和 MHz）。

（2）波形的选择

在任意界面下，按动 WAVE 键可在"正弦""方波""三角波""脉冲波""4 脉方列波""8 脉方列波"之间切换。

（3）幅度调节

在任意界面下，按动 AMPL 键可使光标停留在幅度数值对应的位置上（AMPL＝），幅度值为信号的峰—峰值，可使用◄、►、▲、▼键配合修改输出信号的幅度值。

（4）偏置调节

在任意界面下，按动 OFFS 键可使光标停留在偏置数值对应的位置上（Offset =），可使用◄、►、▲、▼键配合修改输出信号的直流偏置值。

（5）占空比调节

在任意界面下，按动 MENU 键可使光标停留在占空比数值对应的位置上（DUTY =），可使用◄、►、▲、▼键配合修改输出信号的占空比（占空比调节仅对方波和三角波有效）。

（6）脉冲波宽度的调节

在任意界面下，按动 MENU 键可使光标停留在脉冲波宽度对应的位置上（Pul =），可使用◄、►、▲、▼键配合修改输出脉冲信号的宽度（脉冲时间单位也可修改）。

注意，设置脉冲宽度时需小于波形输出的周期值，否则输出为高电平。

（7）测量功能

在任意界面下，按动 MEAS 键即可进入测量功能。本仪器提供频率和计数器两种测量功能，从 EXT 输入测量信号（被测信号幅度不能大于 20V），按动 MEAS 键可在测量频率和计量脉冲功能之间转换。

（8）扫频功能

在任意界面下，多次按动 MENU 键可将界面切换至 SWEEP 扫频界面。本仪器的扫频功能分为 LIN-SWEEP（线性扫频）和 LOG-SWEEP（对数扫频）。扫频信号由 MOUT 输出。

本仪器默认 LIN-SWEEP 模式，在扫描开始前，可按动▲、▼键切换扫频模式。

按动 OK 键即可开启/停止扫频功能，扫频输出信号频率将从扫描起始频率到扫描结束频率之间变化。

（9）加载、存储功能

在任意界面下，按动 SYS 键即可进入存储/加载功能，可从由用户保存的信息（M0～M19）中加载当前主、副波的频率值、幅度值、偏置值、占空比、波形类型及相位等信息。

按动▲、▼键可选择需要加载参数的位置（M0～M19）。按动 OK 键，在屏幕的右下角短暂显示 OK，表示加载信息正确。

（10）输出开关功能

在任意界面下，按动 Output 键即可打开或关闭波形输出。

参 考 文 献

1. 戴伟华. 电工与电子学实践教程. 北京：北京邮电大学出版社，2006.
2. 秦曾煌. 电工学. 第7版. 北京：高等教育出版社，2009.
3. 邱关源. 电路. 第5版. 北京：高等教育出版社，2006.
4. 王港元. 电子设计制作基础. 南昌：江西科学技术出版社，2011.
5. 崔远慧. 电工电子基础实验指导. 北京：科学出版社，2016.
6. 何俊. 电子技术基础与实训. 北京：科学出版社，2015.

反侵权盗版声明

电子工业出版社依法对本作品享有专有出版权。任何未经权利人书面许可，复制、销售或通过信息网络传播本作品的行为；歪曲、篡改、剽窃本作品的行为，均违反《中华人民共和国著作权法》，其行为人应承担相应的民事责任和行政责任，构成犯罪的，将被依法追究刑事责任。

为了维护市场秩序，保护权利人的合法权益，本社将依法查处和打击侵权盗版的单位和个人。欢迎社会各界人士积极举报侵权盗版行为，本社将奖励举报有功人员，并保证举报人的信息不被泄露。

举报电话：（010）88254396；（010）88258888

传　　真：（010）88254397

E-mail：dbqq@ phei. com. cn

通信地址：北京市海淀区万寿路 173 信箱

　　　　　电子工业出版社总编办公室

邮　　编：100036